室内设计必用的

218

套节点图

刘星 毛颖 编著

华中科技大学出版社
http://www.hustp.com

中国·武汉

内容提要

　　本书是由一批在国内一流的建筑装饰设计施工企业、高等院校长期从事室内设计施工图理论技术研发及实践的专家编写而成的，书中内容集结了专家团队近年来已经完成的众多经典工程项目中精彩的218个室内设计施工图常用节点，以CAD图、SketchUp模型和文字说明形式呈现在读者面前，内容与时俱进、简单实用，效果立竿见影。本书适合于室内设计师、室内设计专业的师生以及与室内设计相关的工作人员阅读参考。

　　本书每一章均附二维码，可用手机扫码下载".dwg"格式的图纸与".skp"格式的模型。

图书在版编目(CIP)数据

室内设计必用的218套节点图 / 刘星，毛颖编著. --武汉 : 华中科技大学出版社，2020.9
ISBN 978-7-5680-5968-8

Ⅰ.①室… Ⅱ.①刘… ②毛… Ⅲ.①室内装饰设计–建筑制图 Ⅳ.①TU238.2

中国版本图书馆CIP数据核字(2020)第100375号

室内设计必用的218套节点图	刘星　毛颖　编著
Shinei Sheji Biyong de 218 Tao Jiediantu	

责任编辑：易彩萍	封面设计：金　金
责任校对：张会军	责任监印：朱　玢

出版发行：华中科技大学出版社（中国·武汉）	电话：(027)81321913
武汉市东湖新技术开发区华工科技园	邮编：430223

录　　排：武汉东橙品牌策划设计有限公司	
印　　刷：武汉市金港彩印有限公司	
开　　本：787mm x 1092mm 1/16	
印　　张：15	
字　　数：336千字	
版　　次：2020年9月第1版第1次印刷	
定　　价：88.00元	

前　言

　　本书是一本详尽的室内设计施工节点技术工具书。与以往的施工图集相比，本书直击当前室内设计节点施工图集的痛点，收集了专家团队近年来已经完成的众多经典工程项目中精彩的218个室内设计施工图常用节点，以CAD图、SketchUp模型和文字说明的形式呈现在读者面前，内容与时俱进、简单实用，效果立竿见影。

　　室内设计中有很多细节设计，在整体设计中占有很重要的位置，而节点设计是反映室内设计细节的重要部分。节点设计是指对某个局部构造进行详细的描绘及说明，一般以节点图的形式来体现。节点图不但要表达设计师对装饰细节的要求，同时，它也是内部构造做法、工艺、材料以及实施技术的直接表达和体现。即使未来人工智能技术取代了烦琐的施工图绘制，室内设计师也要不忘初心，把节点施工图的创作作为看家本领，牢牢掌握在自己手中。目前，我国开设室内设计专业的高校中，大部分都没有设置节点施工图设计课程。大多数企业也没有自己完整的节点设计系统，学生毕业进入企业后，基本上得不到系统的节点施工图培训。

　　笔者团队长年从事室内设计产业的研究、运营、推广工作，对产业、企业及设计师有着深刻的认知。本书编审小组成员均来自国内一流的建筑装饰设计施工企业，他们长期从事施工图理论技术的研发与实践，多为高级工程师、教授。

　　本书正文部分的8个章节按室内设计常见的节点类型划分，提供CAD节点图、SketchUp模型，以及实用的文字说明，图文并茂、简洁直观。编审小组在半年时间内先后召开大小会议几十次，集中讨论时间超过数百小时，对每个节点精雕细琢、反复推敲。本书特点如下：

　　1.本书内容丰富且全面，细节有深度，相对同类书而言，在内容上有绝对优势。本书着重强调室内外节点细部结构，系统讲述材料与工艺，以效果图为辅，图片精度高。

2.本书编者一直从事室内外装饰设计、材料与施工的课程讲授，编审小组研究氛围浓厚，为本书的出版奠定了良好基础。目前市场上同类图书较多，但这些同类书尺寸与文字标注不详，不适合青年学生和设计师作商业应用，不能获得实践成效。

3.本书图片多，图片中有详细的施工说明，图文并茂，以这种图解的形式来讲解全部内容，弱化传统的正文表达方式，图片成组编排，在图片中附带文字讲解，避免阅读时的枯燥无味。全书注重实用性，图文结合，讲解透彻。每篇内容均为独立版面，读者阅读轻松，方便记忆。

4.本书每个设计节点均附二维码，可用手机扫码下载".dwg"格式的图纸与".skp"格式的模型。手机用户需预先安装手机版AutoCAD与SketchUp的APP才能浏览，或通过手机下载后转存至计算机，用AutoCAD2004与SketchUp8以上版本打开、使用。

本书在编写过程中得到了以下同事、朋友的帮助，他们是：汤留泉、万阳、万丹、汤宝环、高振泉、杨小云、万财荣。感谢他们提供的素材、资料。

编　者

目　录

1

第3章 墙面

第4章　隔墙幕墙

第5章　墙面不同材质相接

5.2 木饰面

第6章 墙面相同材质相接

第7章 地面

第8章　玻璃

第1章

顶　　棚

扫码获取电子资源

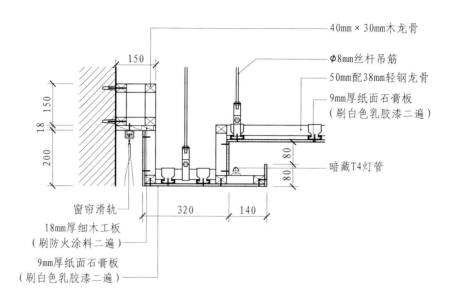

常用顶棚（一）节点构造图

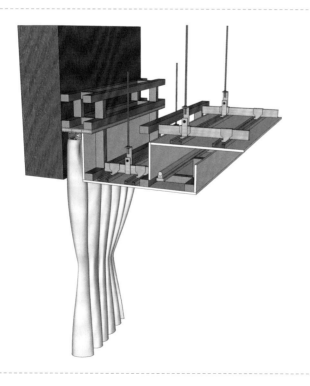

常用顶棚（一）节点三维示意图

施工要点

1.纸面石膏板多采用9mm厚产品，基层为轻钢龙骨，规格根据吊顶面积来定。

2.吊杆采用φ6mm钢筋，不能使用更小规格的钢筋或铁丝。吊杆之间的间距一般不超过400mm。

3.较小的转折造型部位应当增加木龙骨，使石膏板能与骨架紧密连接。

常用顶棚（二）

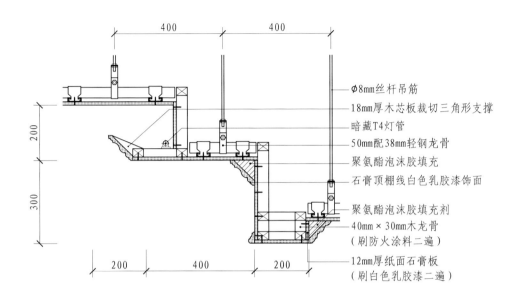

φ8mm丝杆吊筋
18mm厚木芯板裁切三角形支撑
暗藏T4灯管
50mm配38mm轻钢龙骨
聚氨酯泡沫胶填充
石膏顶棚线白色乳胶漆饰面

聚氨酯泡沫胶填充剂
40mm×30mm木龙骨
（刷防火涂料二遍）

12mm厚纸面石膏板
（刷白色乳胶漆二遍）

常用顶棚（二）节点构造图

常用顶棚（二）节点三维示意图

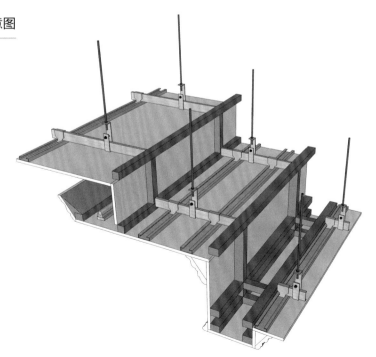

施工要点

1.基本施工要点同纸面石膏板顶棚。

2.石膏线条与石膏板之间采用专用石膏黏结剂粘贴，超厚的石膏线条应当使用射钉枪，将长30mm的气排钉加强固定，因此石膏板基层应当增加必要的木龙骨或木芯板作基层，让气排钉能更好地将石膏线条安装牢固。

常用顶棚（三）

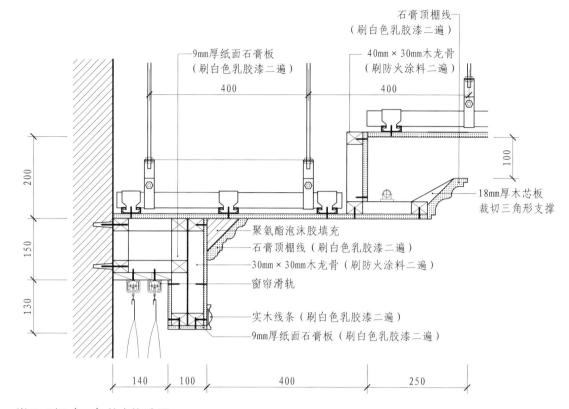

石膏顶棚线
（刷白色乳胶漆二遍）

9mm厚纸面石膏板
（刷白色乳胶漆二遍）

40mm×30mm木龙骨
（刷防火涂料二遍）

18mm厚木芯板
裁切三角形支撑

聚氨酯泡沫胶填充
石膏顶棚线（刷白色乳胶漆二遍）
30mm×30mm木龙骨（刷防火涂料二遍）
窗帘滑轨
实木线条（刷白色乳胶漆二遍）
9mm厚纸面石膏板（刷白色乳胶漆二遍）

常用顶棚（三）节点构造图

常用顶棚（三）节点三维示意图

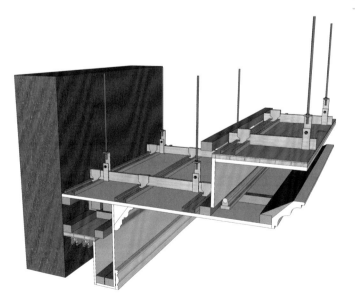

施工要点

1.纸面石膏板是以建筑石膏为主要原料，掺入适量添加剂与纤维做板芯，以特制的板纸为护面，经加工制成的板材。

2.吊顶木龙骨俗称木方，一般是由松木、椴木、杉木加工截成的长方形或者正方形的木条，由于会在里面藏有电线，所以要给木龙骨涂上防火涂料。

常用顶棚（四）

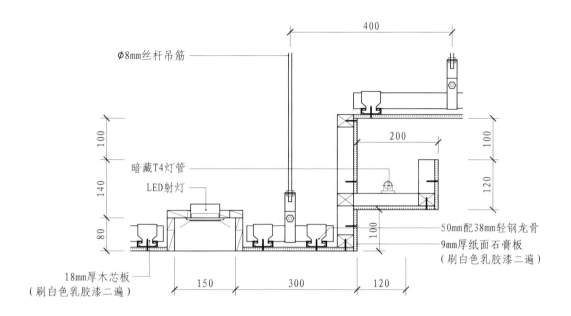

- Φ8mm丝杆吊筋
- 暗藏T4灯管
- LED射灯
- 18mm厚木芯板（刷白色乳胶漆二遍）
- 400
- 200
- 100
- 120
- 100
- 100
- 140
- 80
- 150
- 300
- 120
- 50mm配38mm轻钢龙骨
- 9mm厚纸面石膏板（刷白色乳胶漆二遍）

常用顶棚（四）节点构造图

常用顶棚（四）节点三维示意图

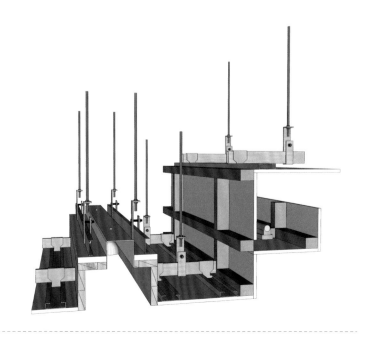

施工要点

1.Φ6mm吊筋在施工时，要在结构上固定牢固，吊筋下面要固定在主龙骨上，每个吊筋的受力要均匀、固定牢固。

2.射灯采用散热性能好的金属材料制成，选用各色超高亮度LED灯，经测试组合而成。

3.38mm配50mm轻钢龙骨，38mm轻钢龙骨是主龙骨，并且用38mm反50mm挂件固定50mm水平副龙骨的；50mm副龙骨在顶上横纵排列。

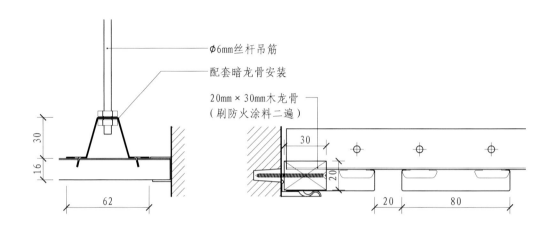

φ6mm丝杆吊筋

配套暗龙骨安装

20mm×30mm木龙骨
（刷防火涂料二遍）

30

16

30

62

30

20

20

80

扣板顶棚节点构造图

扣板顶棚三维示意图

施工要点

1.轻钢龙骨是以优质的连续热镀锌板带为原材料，经冷弯工艺轧制而成的建筑用金属骨架。

2.长条形铝扣板的材质是采用铝合金板折边、拉边加工成型，吊顶由专用配套龙骨及相关配件构成，具备阻燃、防腐、防潮的优点。

300C吊架式顶棚

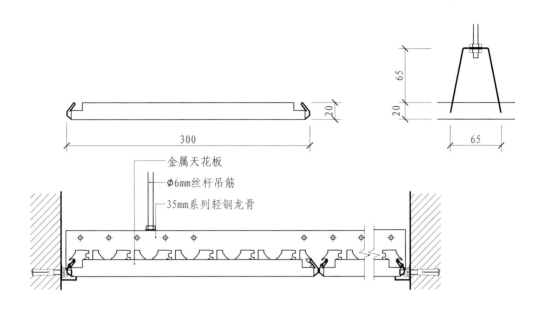

金属天花板

φ6mm丝杆吊筋

35mm系列轻钢龙骨

300C吊架式剖面图

300C吊架式三维示意图

施工要点

1.由于丝杆与轴和丝杆螺母之间有很多滚珠在做滚动运动,所以能得到较高的运动效率。

2.卡式龙骨外形要平整、棱角清晰,切口没有影响使用的毛刺和变形。

3.金属板材一般采用连接件、钢丝、铆钉等配件进行连接,局部可以采用焊接工艺。

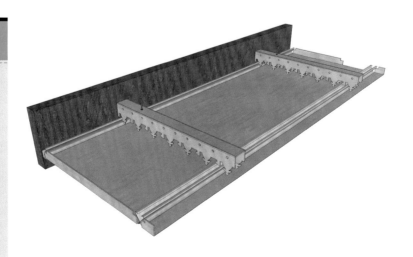

300CL斜面顶棚

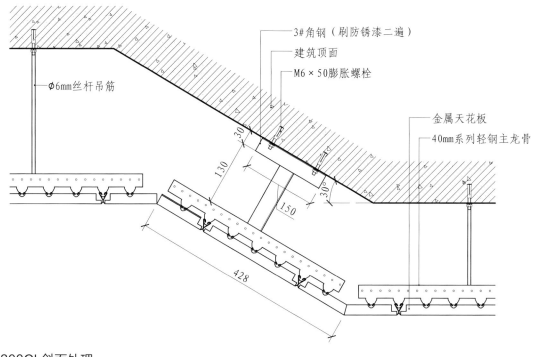

φ6mm丝杆吊筋

3#角钢（刷防锈漆二遍）
建筑顶面
M6×50膨胀螺栓

金属天花板
40mm系列轻钢主龙骨

30
130
150
428
30°

300CL斜面处理

300CL斜面处理三维示意图

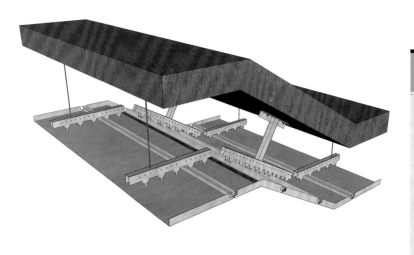

施工要点

1.膨胀螺栓的固定原理是利用套管扩张促使膨胀产生摩擦力，达到固定效果。

2.角钢的表面质量在标准中有规定，一般要求不得存在使用上的缺陷，如分层、结疤、裂缝等，角钢属于一般结构用轧制钢材系列。

暗架式内墙扣板水平方向

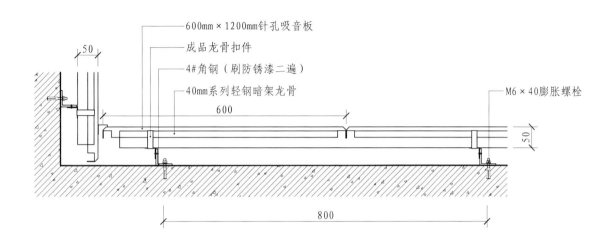

600mm×1200mm针孔吸音板
成品龙骨扣件
4#角钢（刷防锈漆二遍）
40mm系列轻钢暗架龙骨

M6×40膨胀螺栓

50

600

50

800

暗架式内墙扣板水平方向剖面图

暗架式内墙扣板水平方向三维示意图

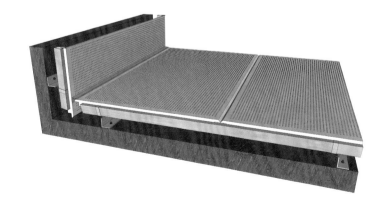

施工要点

1.吸音板结合各种吸音材料的优点，其装饰性强、施工简便，能通过简单的设备切割，变换出多种造型。

2.暗架龙骨安装后截面呈倒三角形，由下向上嵌入式插接在"夹子"龙骨上，饰面板之间缝隙较小，密闭性能相对较好。

暗架式内墙扣板垂直方向

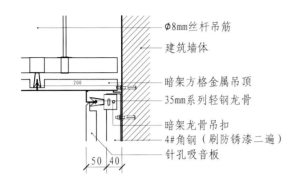

- Φ8mm丝杆吊筋
- 建筑墙体
- 暗架方格金属吊顶
- 35mm系列轻钢龙骨
- 暗架龙骨吊扣
- 4#角钢（刷防锈漆二遍）
- 针孔吸音板

50 40

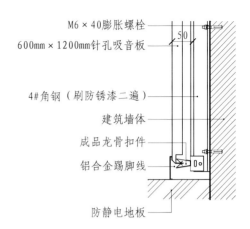

- M6×40膨胀螺栓
- 600mm×1200mm针孔吸音板
- 4#角钢（刷防锈漆二遍）
- 建筑墙体
- 成品龙骨扣件
- 铝合金踢脚线
- 防静电地板

50

暗架式内墙扣板垂直方向剖面图

暗架式内墙扣板垂直方向三维示意图（一）

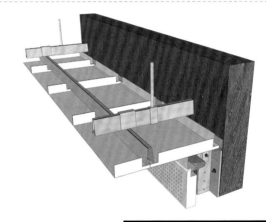

暗架式内墙扣板垂直方向三维示意图（二）

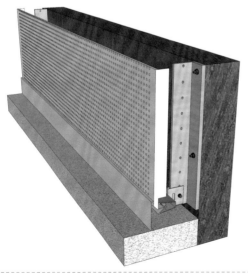

施工要点

1.暗架方格金属吊顶是以优质铝合金板材为基材，经过数控折弯等技术成型，表面喷涂装饰性涂料的一种新型幕墙。

2.当防静电地板接地或连接到任何较低电位点时，电荷能够耗散。

3.铝塑板踢脚线属于合成物质，在施工的时候先将卡片按统一高度钉在墙面上，然后将铝塑板踢脚线扣在卡片或卡件上。

100mm×100mm方格

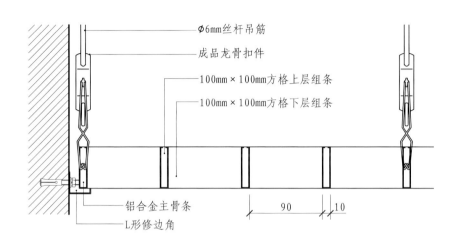

φ6mm丝杆吊筋

成品龙骨扣件

100mm×100mm方格上层组条

100mm×100mm方格下层组条

铝合金主骨条

L形修边角

90   10

100mm×100mm方格剖面图

100mm×100mm方格顶棚三维示意图

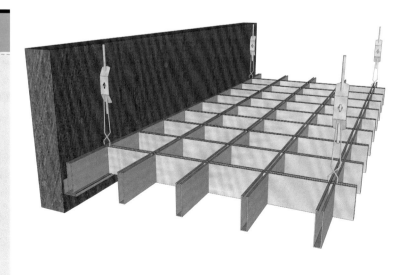

施工要点

1.铝格栅原材料是三英原铝，含铝量极高，可以防火阻燃。

2.上层组条和下层组条的截面结构均为U形结构，上层组条和下层组条的下平面处于同一个水平面上，多根主龙骨的端部下方通过一个L形的收边条封住。

3.采用弹簧吊扣的安装方式，选用时应注意龙骨及配件自身的承载力。

暗架方格

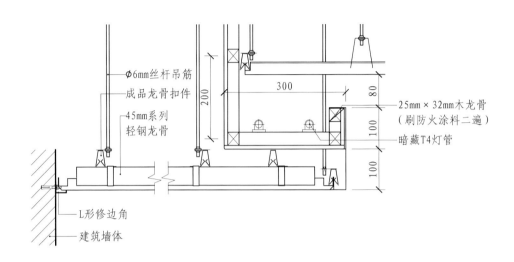

φ6mm丝杆吊筋
成品龙骨扣件
45mm系列
轻钢龙骨

200

300

80

25mm×32mm木龙骨
（刷防火涂料二遍）

暗藏T4灯管

100

100

L形修边角
建筑墙体

暗架方格剖面图

暗架方格三维示意图

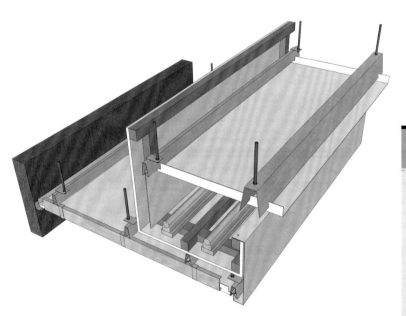

施工要点

1.吊顶板材采用嵌入式固定，可随时拆卸，检修时可取下板材。

2.收边条是集成吊顶安装时用于四周收边美化及固定的金属条。整体吊顶安装之后，打扫卫生既不会造成吊顶变形，也不会造成吊顶和边角连接处有缝隙。

1.3 天花吊顶

标准天花

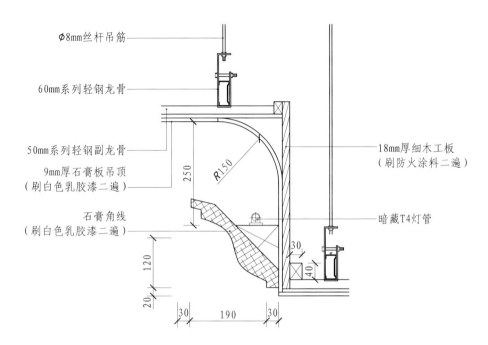

φ8mm丝杆吊筋

60mm系列轻钢龙骨

50mm系列轻钢副龙骨

9mm厚石膏板吊顶
（刷白色乳胶漆二遍）

石膏角线
（刷白色乳胶漆二遍）

18mm厚细木工板
（刷防火涂料二遍）

暗藏T4灯管

250

R150

120

20

30 190 30

30

40

标准天花节点图

标准天花节点三维示意图

施工要点

1.60mm系列轻钢龙骨是指D60系列的吊顶轻钢龙骨，一般都是60mm主龙骨配50mm副龙骨。轻钢龙骨外形要平整、棱角清晰，切口不允许有影响使用的毛刺和变形。

2.细木工板是在胶合板生产基础上，以木板条拼接或空心板作芯板，两面覆盖两层或多层胶合板，经胶压制成的一种特殊胶合板。细木工板的特点主要由芯板结构决定。细木工板被广泛应用于家具制造、缝纫机台板、车厢、船舶等的生产和建筑业等。

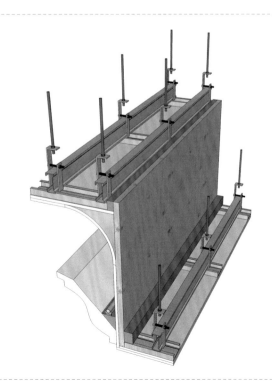

轻钢龙骨纸面石膏板吊顶

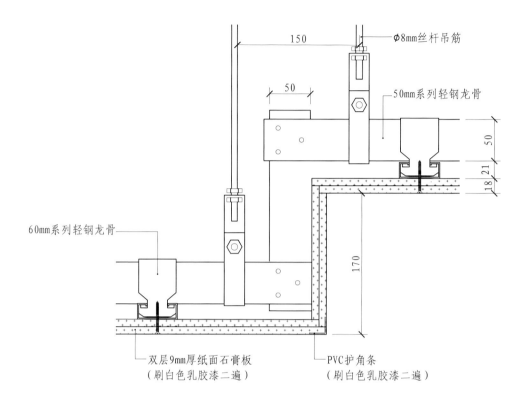

150

50

φ8mm丝杆吊筋

50mm系列轻钢龙骨

50

21

18

170

60mm系列轻钢龙骨

双层9mm厚纸面石膏板
（刷白色乳胶漆二遍）

PVC护角条
（刷白色乳胶漆二遍）

轻钢龙骨纸面石膏板吊顶剖面图

轻钢龙骨纸面石膏板吊顶三维示意图

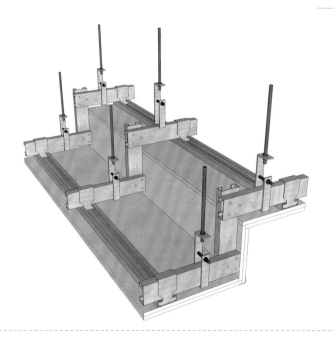

施工要点

1.纸面石膏板是以建筑石膏为主要原料，掺入适量添加剂与纤维做板芯，以特制的板纸为护面，经加工制成的板材。它是以天然石膏和护面纸为主要原材料，掺加适量纤维、淀粉、促凝剂、发泡剂和水等制成的轻质建筑薄板。

2.金属护角条可以在灰泥工程的棱线上形成直边抵抗破裂或龟裂，并保护及补强灰泥最脆弱的部分，其网翼可以在棱线的任何一侧牢固地锚入所抹灰泥的全部深度中。

矿棉板吊顶

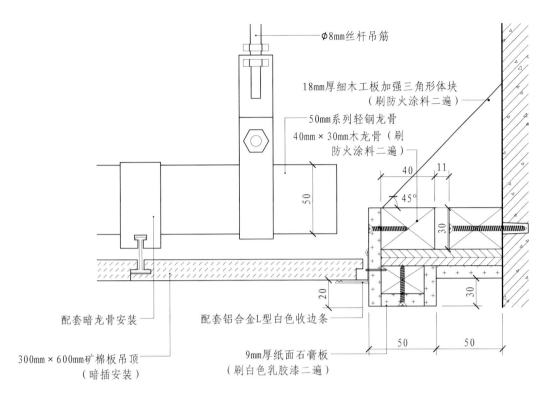

- φ8mm丝杆吊筋
- 18mm厚细木工板加强三角形体块（刷防火涂料二遍）
- 50mm系列轻钢龙骨
- 40mm×30mm木龙骨（刷防火涂料二遍）
- 配套暗龙骨安装
- 300mm×600mm矿棉板吊顶（暗插安装）
- 配套铝合金L型白色收边条
- 9mm厚纸面石膏板（刷白色乳胶漆二遍）

矿棉板吊顶剖面图

矿棉板吊顶三维示意图

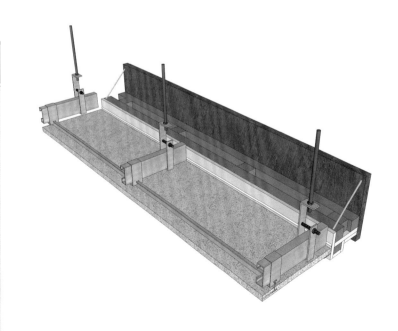

施工要点

1.矿棉是矿渣和有机物经高温熔化，由高速离心机甩出的絮状物，无害、无污染，是一种变废为宝、对环境有利的绿色建材。

2.暗龙骨和明龙骨主要的区别在于一般家装的吊顶每块饰面板之间会有很明显的饰面板压条，暗龙骨就是相当于在此饰面板上加了一层无缝的整个房间大小的板，给人的感觉就像是结构层的板，很难分辨出它是吊顶还是天棚。

顶面铝单板吊顶

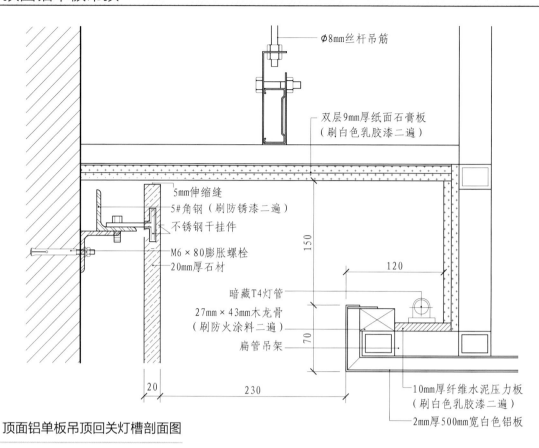

φ8mm丝杆吊筋

双层9mm厚纸面石膏板
（刷白色乳胶漆二遍）

5mm伸缩缝

5#角钢（刷防锈漆二遍）

不锈钢干挂件

M6×80膨胀螺栓

20mm厚石材

暗藏T4灯管

27mm×43mm木龙骨
（刷防火涂料二遍）

扁管吊架

150

120

70

20

230

10mm厚纤维水泥压力板
（刷白色乳胶漆二遍）

2mm厚500mm宽白色铝板

顶面铝单板吊顶回关灯槽剖面图

顶面铝单板吊顶回关灯槽三维示意图

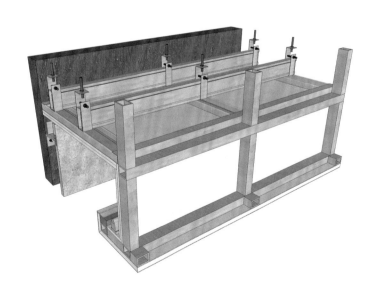

1.角钢的表面质量在标准中有规定，一般要求不得存在使用上的缺陷，如分层、结疤、裂缝等，角钢属于一般结构用轧制钢材系列。

2.常用的干挂石材以花岗岩为主，品种主要有芝麻白、黄金麻、卡拉麦里金、黄锈石等。主要的加工表面以荔枝面、火烧面、光面为主。

3.纤维水泥（FC）板是以纤维、水泥为主要原料，相比传统石膏板而言，质地更紧密、更坚固，在施工中一定要用自攻螺钉或气排钢钉将其钉接牢固，钉头不能外露，以免给后期饰面带来困难。

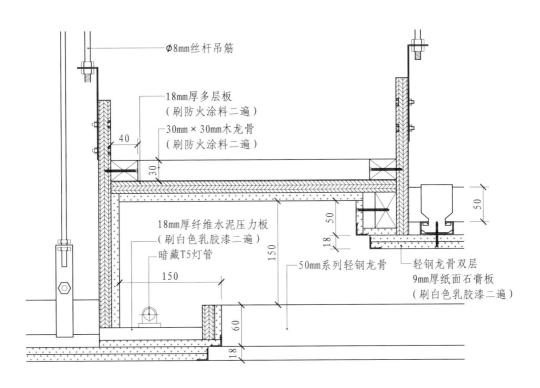

Φ8mm丝杆吊筋

18mm厚多层板
（刷防火涂料二遍）

30mm×30mm木龙骨
（刷防火涂料二遍）

40

30

18mm厚纤维水泥压力板
（刷白色乳胶漆二遍）

暗藏T5灯管

150

150

50

18

50

50mm系列轻钢龙骨

轻钢龙骨双层
9mm厚纸面石膏板
（刷白色乳胶漆二遍）

60

18

吊顶剖面图

吊顶三维示意图

施工要点

1.纤维水泥（FC）板是以纤维、水泥为主要原料，与传统石膏板界面的物理属性不同，不能仅依靠自攻螺钉将这两种板材结合，应当在两种板材之间注入部分聚氨酯结构胶，胶钉结合才能更牢固。

2.轻钢龙骨石膏板是一种石膏板与轻钢龙骨相结合的龙骨板，材料配件为吊杆、花篮螺丝、射钉，用来装配的主要机具有电锯、无齿锯、射钉枪、钳子、螺丝刀等。

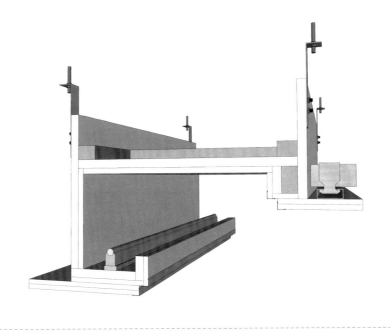

空调侧风口

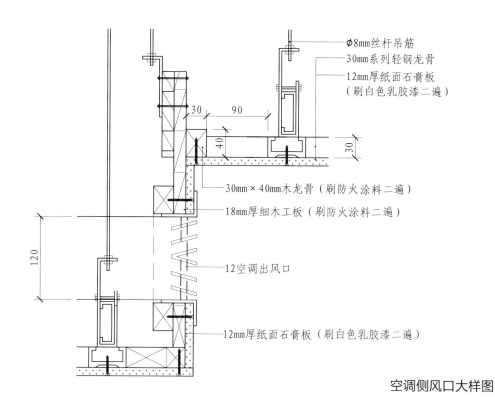

Φ8mm丝杆吊筋
30mm系列轻钢龙骨
12mm厚纸面石膏板
（刷白色乳胶漆二遍）

30　90

40

30

120

30mm×40mm木龙骨（刷防火涂料二遍）

18mm厚细木工板（刷防火涂料二遍）

12空调出风口

12mm厚纸面石膏板（刷白色乳胶漆二遍）

空调侧风口大样图

空调侧风口三维示意图

施工要点

1.木龙骨防腐一般采用防腐材料浸泡或喷淋的方式。喷淋一般为3次反复喷淋（喷透、晾干、再喷透），并不比浸泡的效果差。

2.柳桉木木材性状：木材具有光泽，无特殊气味，纹理交错，结构粗糙，重量均匀。柳桉木木材性质良好，仅略有开裂、翘曲等缺陷产生。

门轨道吊顶

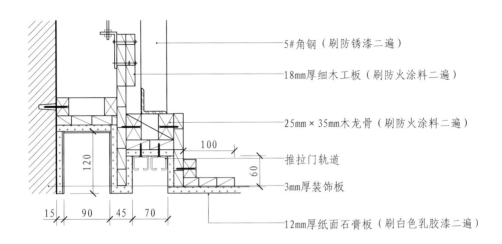

5#角钢（刷防锈漆二遍）

18mm厚细木工板（刷防火涂料二遍）

25mm×35mm木龙骨（刷防火涂料二遍）

推拉门轨道

3mm厚装饰板

12mm厚纸面石膏板（刷白色乳胶漆二遍）

门轨道吊顶大样图

门轨道吊顶三维示意图

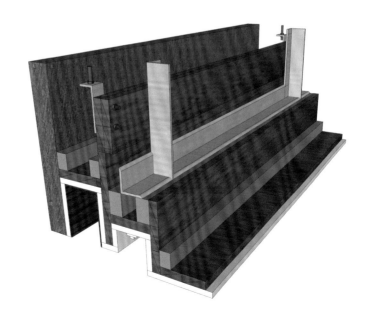

施工要点

1.防火涂料是由基料（成膜物质）、颜料、普通涂料助剂、防火助剂、分散介质等原料组成。

2.宝丽板实际上是一种装饰纸贴面人造板，由基板和饰面层组成，玻璃纤维布作骨架材料。

3.拉法基纸面石膏板颜色没有石膏白，石膏没有拉法基纸面石膏板硬。石膏吸水比拉法基纸面石膏板快，石膏容易折断，拉法基纸面石膏板相对较硬。

1.4 窗帘盒

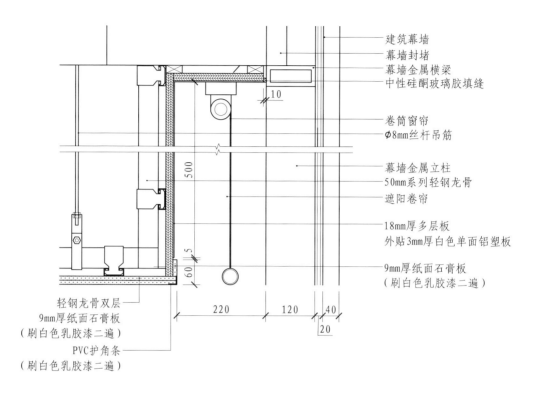

建筑幕墙
幕墙封堵
幕墙金属横梁
中性硅酮玻璃胶填缝

卷筒窗帘
Φ8mm丝杆吊筋

幕墙金属立柱
50mm系列轻钢龙骨
遮阳卷帘

18mm厚多层板
外贴3mm厚白色单面铝塑板

9mm厚纸面石膏板
（刷白色乳胶漆二遍）

轻钢龙骨双层
9mm厚纸面石膏板
（刷白色乳胶漆二遍）
PVC护角条
（刷白色乳胶漆二遍）

220   120   40
20

纸面石膏板吊顶窗帘盒剖面图

纸面石膏板吊顶窗帘盒三维示意图

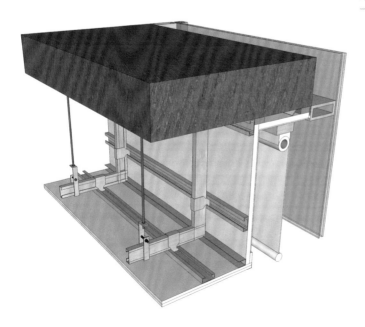

施工要点

1.多层板一般由内层图形先做，然后以印刷蚀刻法做成单面或双面基板，并纳入指定的层间，再经加热、加压并予以黏合，之后的钻孔则和双面板的镀通孔法相同。

2.遮阳卷帘主要由各机构配件和遮阳面料组成，其中遮阳面料又分玻璃纤维面料和聚酯面料。玻璃纤维面料主要是PVC包覆玻璃纤维，聚酯面料则是PVC包覆聚酯纤维。

木皮贴面装饰板吊顶窗帘盒

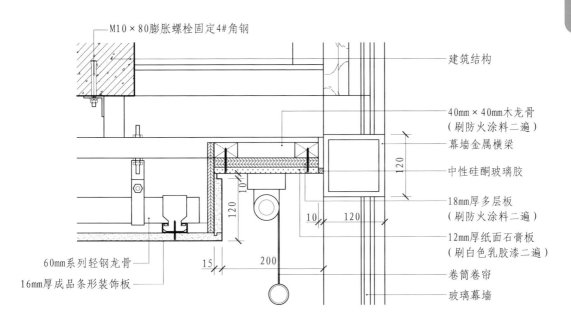

M10×80膨胀螺栓固定4#角钢

建筑结构

40mm×40mm木龙骨
（刷防火涂料二遍）

幕墙金属横梁

中性硅酮玻璃胶

18mm厚多层板
（刷防火涂料二遍）

12mm厚纸面石膏板
（刷白色乳胶漆二遍）

卷筒卷帘

玻璃幕墙

60mm系列轻钢龙骨

16mm厚成品条形装饰板

120 120 10 120 15 200

木皮贴面装饰板吊顶窗帘盒剖面图

木皮贴面装饰板吊顶窗帘盒三维示意图

施工要点

1.方管是空心方形的截面轻型薄壁钢管，也称为钢制冷弯型材，综合力学性能好；焊接性能，冷、热加工性能和耐腐蚀性能均较好；具有良好的低温韧性。

2.使用填缝剂前应保证施工表面没有油污和浮尘，并在施工表面喷洒少量水。

3.基层板可用细木工板，中间木板是由优质天然的木板经热处理以后，加工成一定规格的木条，由拼板机拼接而成。

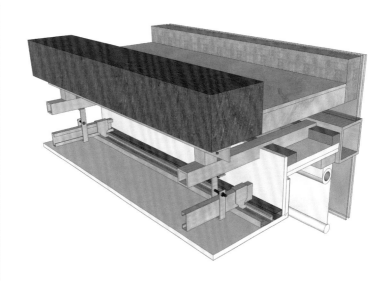

窗帘盒

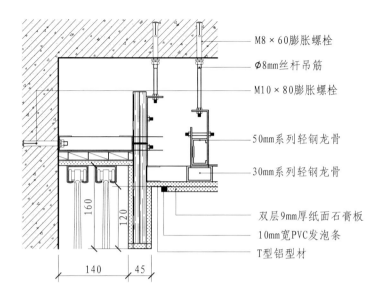

M8×60膨胀螺栓

Ø8mm丝杆吊筋

M10×80膨胀螺栓

50mm系列轻钢龙骨

30mm系列轻钢龙骨

双层9mm厚纸面石膏板

10mm宽PVC发泡条

T型铝型材

160

120

140   45

窗帘盒大样详图

窗帘盒三维示意图

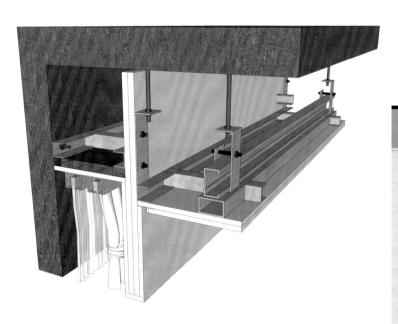

施工要点

1.细木工板上下两层是夹板，中间为小块木条挤压拼接而成的芯。拼接后的木板两面各覆盖两层优质单板，再经冷、热压机胶压后制成。

2.石膏腻子主要是用石膏粉加水和胶水搅拌在一起调制出来的用于填缝的腻子。

幕墙窗上口石材电动窗帘

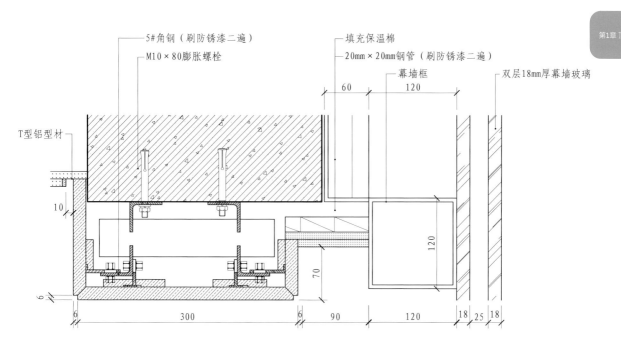

5#角钢（刷防锈漆二遍）
M10×80膨胀螺栓
T型铝型材
填充保温棉
20mm×20mm钢管（刷防锈漆二遍）
幕墙框
双层18mm厚幕墙玻璃
60
120
10
120
70
6
6
300
6
90
120
18 25 18

幕墙窗上口石材电动窗帘

幕墙窗上口石材电动窗帘三维示意图

施工要点

1.防水纸面石膏板里的石膏芯及护面纸均经过防潮处理，并且加入了硅油。

2.热浸镀锌防锈的费用要比其他漆料涂层的费用低，热镀锌角铁具有表面有光泽、锌层均匀、无漏锌、无滴溜、附着力强、抗腐蚀能力强的特点。

3.幕墙填充棉材料可采用岩棉或矿棉，满足防火等级要求。

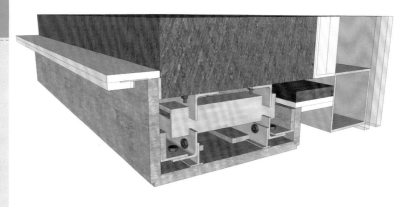

石材窗帘盒

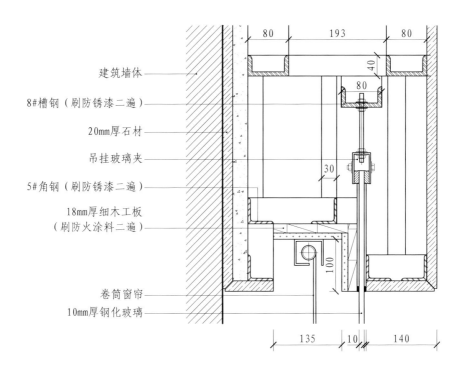

建筑墙体

8#槽钢（刷防锈漆二遍）

20mm厚石材

吊挂玻璃夹

5#角钢（刷防锈漆二遍）

18mm厚细木工板
（刷防火涂料二遍）

卷筒窗帘

10mm厚钢化玻璃

石材窗帘盒剖面图

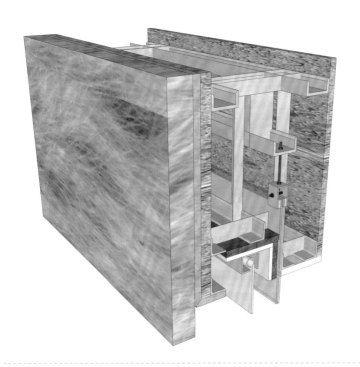

石材窗帘盒三维示意图

施工要点

1.槽钢是截面为凹槽形的长条钢材，属建造用和机械用碳素结构钢，是复杂断面的型钢钢材，其断面形状为凹槽形。在使用中要求其具有较好的焊接、铆接性能及综合机械性能。

2.玻璃肋是全玻璃幕墙特有的附件，是在全玻璃幕墙上与大面玻璃等高并垂直于大面玻璃安装的、对大面玻璃起抗弯作用的长条状玻璃。

防火卷帘

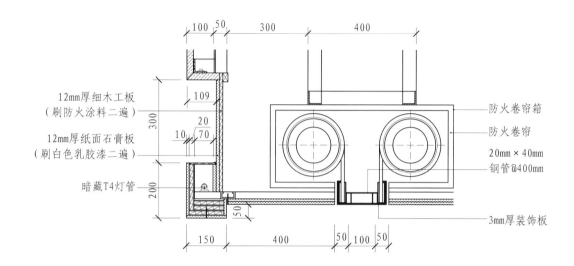

12mm厚细木工板
（刷防火涂料二遍）

12mm厚纸面石膏板
（刷白色乳胶漆二遍）

暗藏T4灯管

防火卷帘箱

防火卷帘

20mm × 40mm
钢管@400mm

3mm厚装饰板

防火卷帘示意图

防火卷帘三维示意图

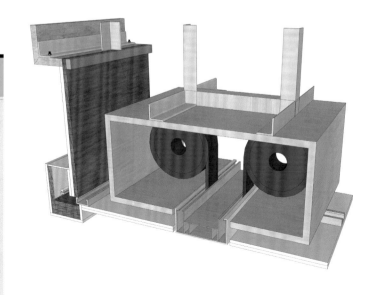

施工要点

1.细木工板上下两层是夹板，中间为小块木条挤压拼接而成的芯。拼接后的木板两面各覆盖两层优质单板，再经冷、热压机胶压后制成。

2.防火卷帘是在一定时间内，连同框架能满足耐火稳定性和完整性要求的卷帘，由帘板、卷轴、电动机、导轨、支架、防护罩和控制机构等组成。

第 2 章

顶面材质相接

扫码获取电子资源

2.1 顶面不同材质安装做法　　乳胶漆与石材相接（一）

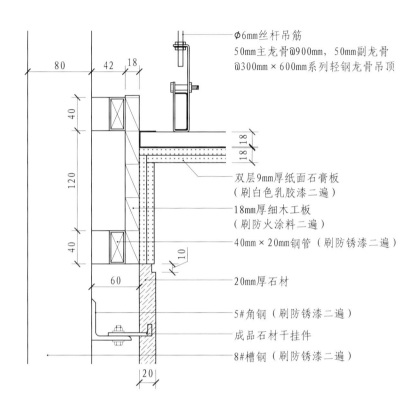

Φ6mm丝杆吊筋
50mm主龙骨@900mm，50mm副龙骨
@300mm×600mm系列轻钢龙骨吊顶

双层9mm厚纸面石膏板
（刷白色乳胶漆二遍）

18mm厚细木工板
（刷防火涂料二遍）

40mm×20mm钢管（刷防锈漆二遍）

20mm厚石材

5#角钢（刷防锈漆二遍）

成品石材干挂件

8#槽钢（刷防锈漆二遍）

乳胶漆与石材相接（一）构造图

乳胶漆与石材相接（一）三维示意图

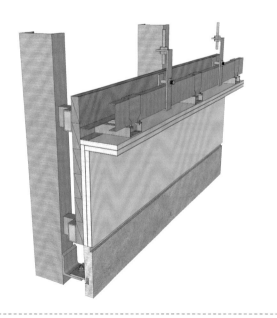

施工要点

1.优质的镀锌槽钢具有表面有光泽、锌层均匀、无漏镀、无滴溜、附着力强、抗腐蚀能力强等特性。

2.质量上乘的细木工板表面应当光滑平整、无缺陷，从侧面看板芯厚度应均匀，无重叠、离芯现象。购买时可用手触摸一下细木工板表面。优质的细木工板应手感干燥，平整光滑，横向触摸无波浪形，说明含水率低、平整度好。

乳胶漆与石材相接（二）

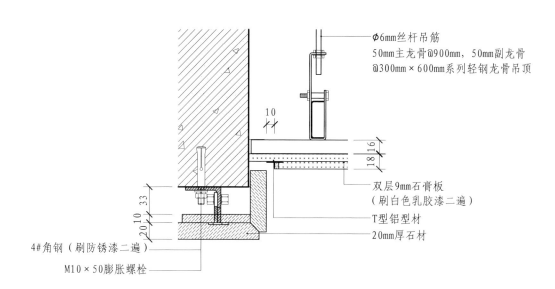

Ø6mm丝杆吊筋

50mm主龙骨@900mm，50mm副龙骨
@300mm×600mm系列轻钢龙骨吊顶

双层9mm石膏板
（刷白色乳胶漆二遍）

T型铝型材

20mm厚石材

4#角钢（刷防锈漆二遍）

M10×50膨胀螺栓

乳胶漆与石材相接（二）构造图

乳胶漆与石材相接（二）三维示意图

施工要点

1.石材干挂施工前必须按照设计标高要求在墙体上弹出50mm水平控制线和每层石材标高线，并在墙上做控制桩，拉白线控制墙体水平位置，保持房间、墙面的规矩和方正。

2.安装双层石膏板时，面层板与基层板的接缝应错开，不允许在同一根龙骨上接缝。石膏板的对接缝应按产品要求进行板缝处理。

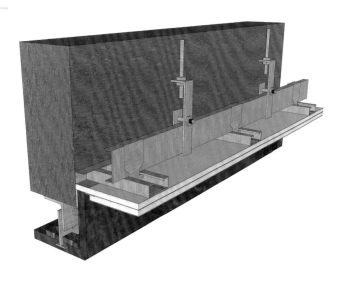

挡烟垂壁

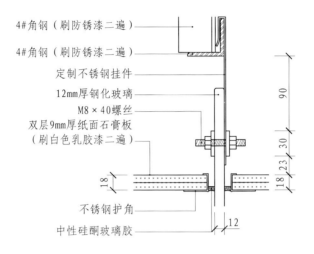

4#角钢（刷防锈漆二遍）
4#角钢（刷防锈漆二遍）
定制不锈钢挂件
12mm厚钢化玻璃
M8×40螺丝
双层9mm厚纸面石膏板
（刷白色乳胶漆二遍）
不锈钢护角
中性硅酮玻璃胶

90
30
23
18
18
12

挡烟垂壁构造图

挡烟垂壁三维示意图

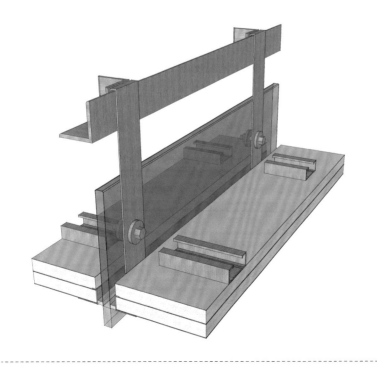

施工要点

1.防火玻璃具有良好的透光性能和耐火、隔热、隔音性能，常见的防火玻璃有夹层复合防火玻璃、夹丝防火玻璃和中空防火玻璃三种。

2.玻璃胶收口时环境温度应在5~40℃，相对湿度应在40%~80%，天气过于干燥或过于潮湿，温度太低或太高都不宜施胶，阳光直射的表面或基材表面温度超过50℃也不宜施胶。

乳胶漆与玻璃相接

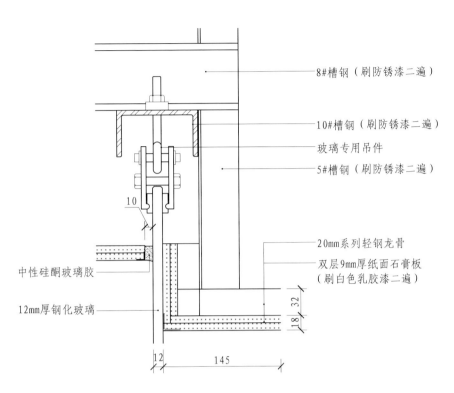

8#槽钢（刷防锈漆二遍）

10#槽钢（刷防锈漆二遍）

玻璃专用吊件

5#槽钢（刷防锈漆二遍）

20mm系列轻钢龙骨

双层9mm厚纸面石膏板
（刷白色乳胶漆二遍）

中性硅酮玻璃胶

12mm厚钢化玻璃

乳胶漆与玻璃相接构造图

乳胶漆与玻璃相接三维示意图

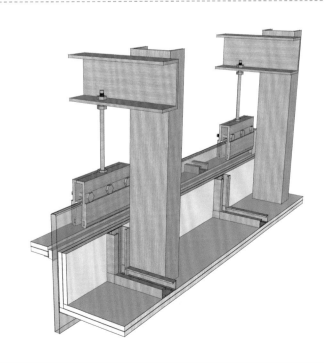

施工要点

1. 纸面石膏板的安装必须是无应力安装，先用自攻钉固定石膏板中心部位，再固定边部，使石膏板安装后不受任何应力。

2. 在施用密封胶后，立即修正接口表面，以使表面光滑甚至完美，并确保在接口的边缘粘满密封胶。

乳胶漆与铝板相接（一）

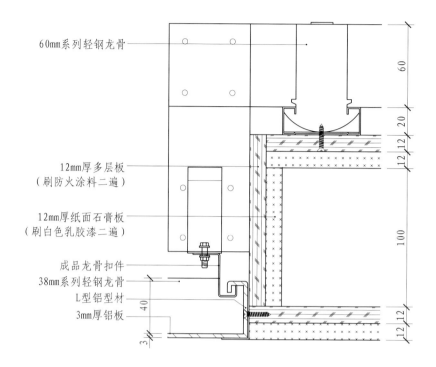

60mm系列轻钢龙骨

60

20

12 12

12mm厚多层板
（刷防火涂料二遍）

12mm厚纸面石膏板
（刷白色乳胶漆二遍）

100

成品龙骨扣件
38mm系列轻钢龙骨
L型铝型材
3mm厚铝板

40

3

12 12

乳胶漆与铝板相接（一）构造图

乳胶漆与铝板相接（一）三维示意图

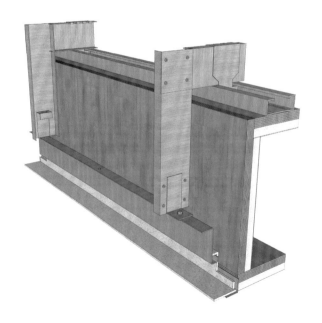

施工要点

1.基层板可以用细木工板、夹板、密度板、纤维板等。细木工板上下两层是夹板，中间为小块木条挤压拼接而成的芯。在选购胶合板时，要选木纹清晰、正面光洁平滑的板材。

2.选择铝板时，首先从样板表面可看出铝单板质量是否合格，此外，铝单板表面是否光滑、有无气泡等都是需要注意的。

乳胶漆与铝板相接（二）

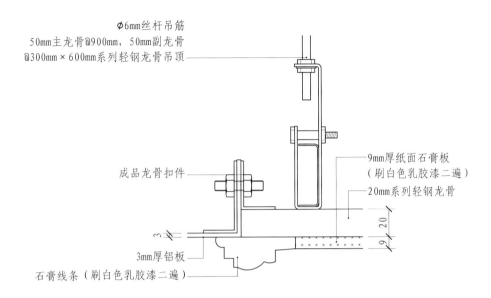

Φ6mm丝杆吊筋
50mm主龙骨@900mm，50mm副龙骨
@300mm×600mm系列轻钢龙骨吊顶

9mm厚纸面石膏板
（刷白色乳胶漆二遍）
20mm系列轻钢龙骨

成品龙骨扣件

3mm厚铝板

石膏线条（刷白色乳胶漆二遍）

乳胶漆与铝板相接（二）构造图

乳胶漆与铝板相接（二）三维示意图

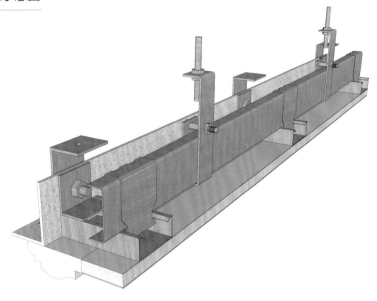

施工要点

1.将纸面石膏板钉接在龙骨上时，要对钉头做防锈处理，封闭板材之间的接缝，并全面检查。

2.石膏线条施工时，要注意从正面施工，将一些接头部分及短缺部分隐藏起来，保证正面美观度。粘贴石膏线时，一定要手快，边粘边调整，因为石膏凝固得很快，若不及时调整清扫，那么时间长了就难以清理干净了。

乳胶漆与金属板相接

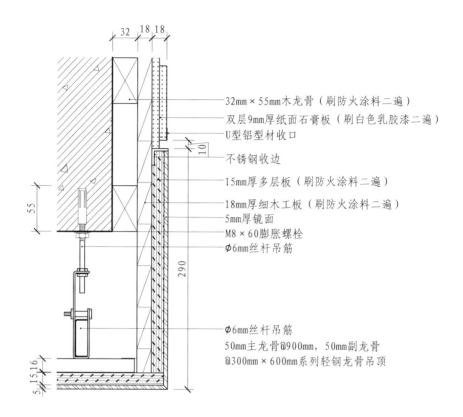

32mm×55mm木龙骨（刷防火涂料二遍）
双层9mm厚纸面石膏板（刷白色乳胶漆二遍）
U型铝型材收口
不锈钢收边
15mm厚多层板（刷防火涂料二遍）
18mm厚细木工板（刷防火涂料二遍）
5mm厚镜面
M8×60膨胀螺栓
Φ6mm丝杆吊筋

Φ6mm丝杆吊筋
50mm主龙骨@900mm，50mm副龙骨
@300mm×600mm系列轻钢龙骨吊顶

乳胶漆与金属板相接构造图

乳胶漆与金属板相接三维示意图

施工要点

1.不锈钢收边处理施工前，应准备好金属线条，并对线条进行挑选。金属装饰线条表面应无划痕和碰印，尺寸应准确。

2.镜面黑金属要选择表面本色白化处理过的，表面镜面光亮处理过的或表面着色处理过的。

乳胶漆与不锈钢相接

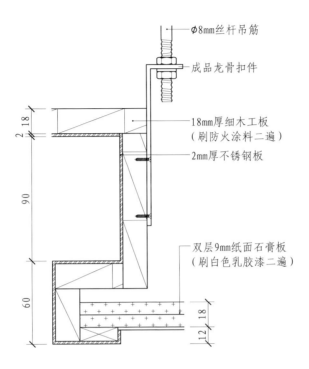

φ8mm丝杆吊筋

成品龙骨扣件

18mm厚细木工板
（刷防火涂料二遍）

2mm厚不锈钢板

双层9mm纸面石膏板
（刷白色乳胶漆二遍）

乳胶漆与不锈钢相接构造图

乳胶漆与不锈钢相接三维示意图

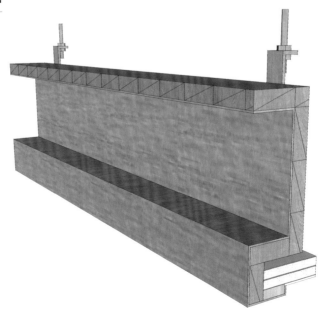

施工要点

1.不锈钢饰面施工放线时，在基层上弹出骨架的位置（要先检查结构的质量，结构的垂直度和平整度），安装不锈钢饰面板，将不锈钢板条用螺钉直接拧到型钢或木骨架上，收口处理与铝合金板相同。

2.选购纸面石膏板时，可观察并抚摸其表面，表面应平整光滑，无气孔、污痕、裂纹、缺角、色彩不均、图案不完整等现象，纸面石膏板上下两层护面纸需结实。

乳胶漆与透光玻璃相接

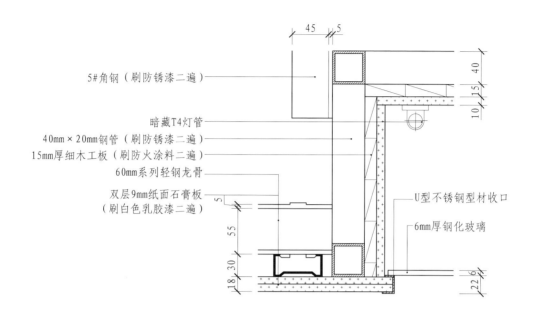

5#角钢（刷防锈漆二遍）

暗藏T4灯管

40mm×20mm钢管（刷防锈漆二遍）

15mm厚细木工板（刷防火涂料二遍）

60mm系列轻钢龙骨

双层9mm纸面石膏板
（刷白色乳胶漆二遍）

U型不锈钢型材收口

6mm厚钢化玻璃

乳胶漆与透光玻璃相接构造图

乳胶漆与透光玻璃相接三维示意图

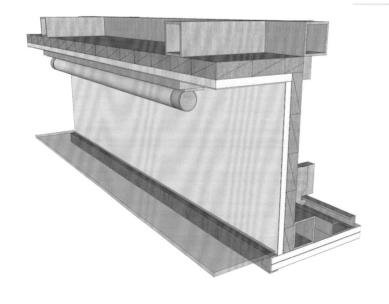

施工要点

1.选购拉丝不锈钢时，要考虑板材受压时的强度要求，如果厚度不够，容易弯曲，会影响装饰板。

2.透光玻璃为特种玻璃，安装时要注意保护玻璃镜面，镜面一旦受损便无法修复。

3.灯带安装完成时，末端必须套上PVC尾塞，用夹带扎紧后，再用中性玻璃胶封住接口四周，确保安全。

乳胶漆与风口相接

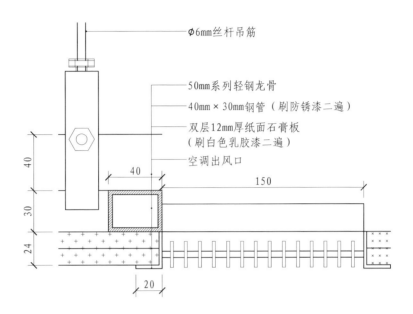

- Φ6mm丝杆吊筋
- 50mm系列轻钢龙骨
- 40mm×30mm钢管（刷防锈漆二遍）
- 双层12mm厚纸面石膏板（刷白色乳胶漆二遍）
- 空调出风口

40
30
24
40
150
20

乳胶漆与风口相接构造图

乳胶漆与风口相接三维示意图

施工要点

1.空调出风口的温度变化较快，温差大，容易产生冷凝水，乳胶漆会被冷凝水浸湿，造成发霉现象，因此应当选用防潮防霉特种乳胶漆，并配套使用防潮石膏板，如有更高要求，还需在石膏板表面涂刷防水涂料后，再进行乳胶漆施工。

2.在优质石膏板的端头露出石膏芯与护面纸的地方，用手揭护面纸，如果揭的地方护面纸出现层间撕开，表明板材的护面纸与石膏芯黏结良好。

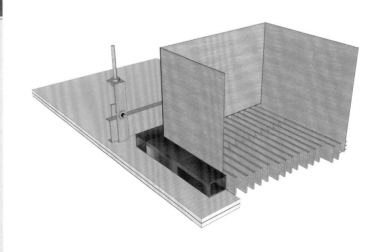

乳胶漆与玻璃纤维加强石膏板（GRG）相接

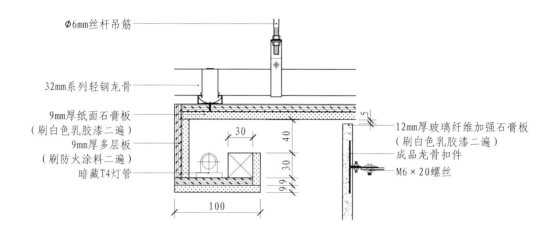

Φ6mm丝杆吊筋

32mm系列轻钢龙骨

9mm厚纸面石膏板
（刷白色乳胶漆二遍）

9mm厚多层板
（刷防火涂料二遍）

暗藏T4灯管

12mm厚玻璃纤维加强石膏板
（刷白色乳胶漆二遍）

成品龙骨扣件

M6×20螺丝

30

40

100

乳胶漆与玻璃纤维加强石膏板（GRG）相接构造图

乳胶漆与玻璃纤维加强石膏板（GRG）相接三维示意图

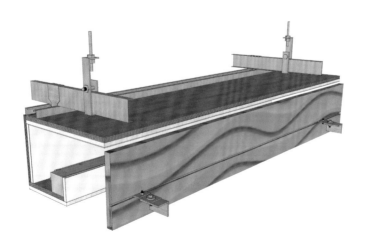

施工要点

1.热镀锌角钢的镀锌层厚度均匀，可达0.03~0.05mm，可靠性好，镀锌层与钢材间是冶金结合，成为钢表面的一部分，因此热镀锌角钢的镀层持久性较为可靠。

2.玻璃纤维加强石膏板具有壁薄、质轻、强度高及不燃性等特点，并可调节室内环境的湿度，以期达到舒适的生活环境。

乳胶漆与格栅相接

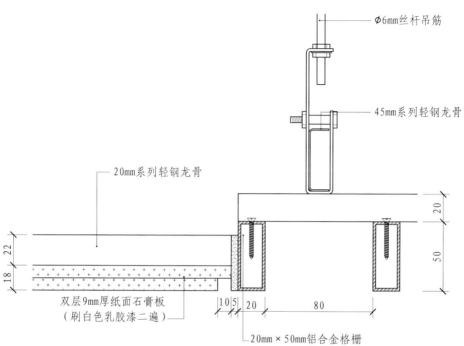

φ6mm丝杆吊筋

45mm系列轻钢龙骨

20mm系列轻钢龙骨

双层9mm厚纸面石膏板
（刷白色乳胶漆二遍）

20mm×50mm铝合金格栅

乳胶漆与格栅相接构造图

乳胶漆与格栅相接三维示意图

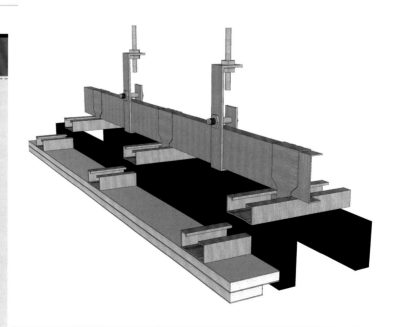

施工要点

1. 安装格栅时，先用细尼龙线拉出交叉的平面基准线，安装时从一个墙角开始，将分片吊顶托起，高度略高于标高线，并临时固定分片吊顶，根据基准线调平该吊顶分片，吊顶面积大于100m²时，应使吊顶面有一定的起拱，起拱量一般为跨度的1/3000左右。

2. 因格栅吊顶内的各种管道都设有调节阀门，应在相应位置留置检查孔，检查孔位置不应纵横成行。

乳胶漆与木饰面相接

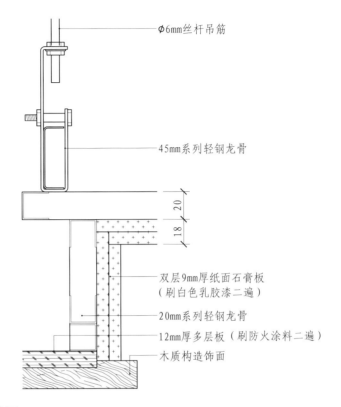

φ6mm丝杆吊筋

45mm系列轻钢龙骨

20
18

双层9mm厚纸面石膏板
（刷白色乳胶漆二遍）

20mm系列轻钢龙骨

12mm厚多层板（刷防火涂料二遍）

木质构造饰面

乳胶漆与木饰面相接构造图

乳胶漆与木饰面相接三维示意图

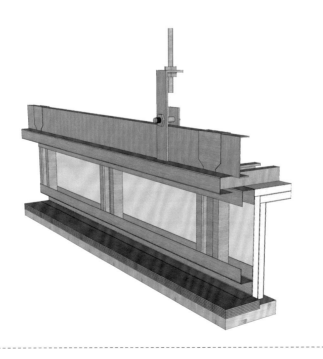

施工要点

1.安装木饰面板时，用胶贴在木底板上，在贴的同时要注意胶要涂均匀，各个位置都应涂到，保证木饰面板和木底板之间的牢固性。

2.优木饰面板木皮厚实，不仅底板纹路不会浮现，底板颜色也不会曝光，且更能呈现木纹的立体质感。因此，板的厚薄程度可以看板的边缘有无缝隙，板面有无渗胶，涂水实验看有无泛青。

乳胶漆与透光软膜相接

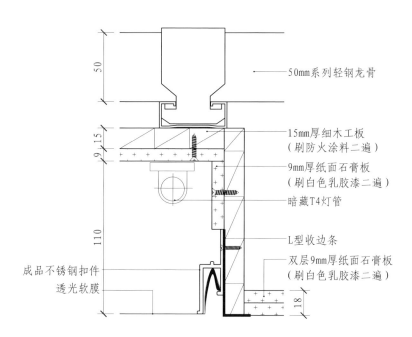

50mm系列轻钢龙骨

15mm厚细木工板
（刷防火涂料二遍）

9mm厚纸面石膏板
（刷白色乳胶漆二遍）

暗藏T4灯管

L型收边条

双层9mm厚纸面石膏板
（刷白色乳胶漆二遍）

成品不锈钢扣件

透光软膜

乳胶漆与透光软膜相接构造图

乳胶漆与透光软膜相接三维示意图

施工要点

1.安装软膜天花吊顶之前，一定要先检查龙骨接头是否牢固和光滑，同时封口处要做好处理。

2.安装软膜天花吊顶时，要先从中间往两边固定，同时要注意安装尺寸。焊接缝要直，角位也要控制好。最后做好四周之后，修剪多出来的天花，保持外观美观。

3.优质透光软膜的表面是按照电影银幕制造的，如细看表面，可发现有无数凹凸纹。

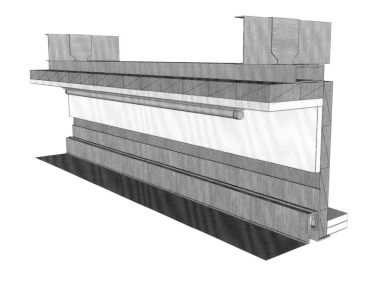

2.2 不同材质相接工艺做法　　　　　　　　石材与石膏板相接

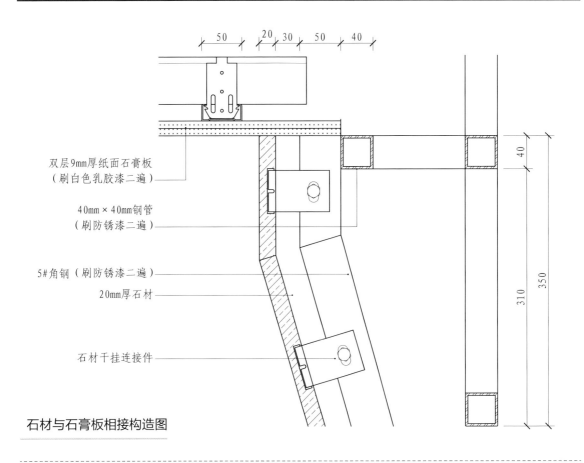

双层9mm厚纸面石膏板
（刷白色乳胶漆二遍）

40mm×40mm钢管
（刷防锈漆二遍）

5#角钢（刷防锈漆二遍）

20mm厚石材

石材干挂连接件

石材与石膏板相接构造图

石材与石膏板相接三维示意图

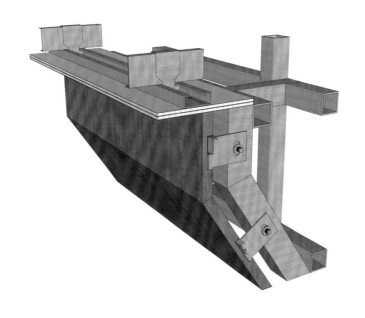

施工要点

1.在墙上布置钢骨架，水平方向的角钢必须焊在竖向角钢上。

2.在挂置石材时，应在上层石材底面的切槽与下层石材上端的切槽内涂胶。

3.挂完石材后一定要调整板面平整度，在边角缝隙处填补密封胶，进行密封处理。

透光云石与石膏板相接

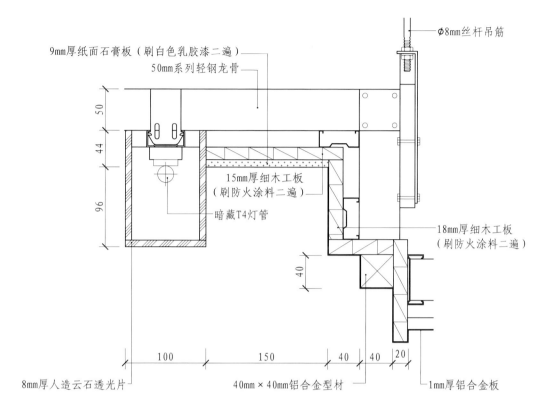

9mm厚纸面石膏板（刷白色乳胶漆二遍）
50mm系列轻钢龙骨

Φ8mm丝杆吊筋

第2章
顶面材质相接

15mm厚细木工板
（刷防火涂料二遍）

暗藏T4灯管

18mm厚细木工板
（刷防火涂料二遍）

50
44
96
40

100   150   40   40   20

8mm厚人造云石透光片

40mm×40mm铝合金型材

1mm厚铝合金板

透光云石与石膏板相接构造图

透光云石与石膏板相接三维示意图

施工要点

1.乳胶漆选购时可以将桶提起来摇晃，优质乳胶漆晃动时一般听不到声音，如果很容易晃动出声音，则证明乳胶漆黏稠度不高。

2.透光云石质地轻便、硬度高、抗酸碱，板材厚薄可进行调配，光泽度好、透光效果明显、不易变形、防火且抗老化。它与一般人造石操作方法一致，但胶水要使用透光云石专用胶水，拼接可达到无缝效果。

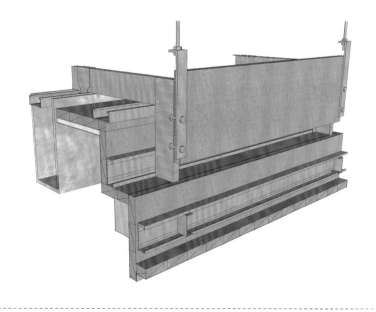

铝格栅与石膏板相接

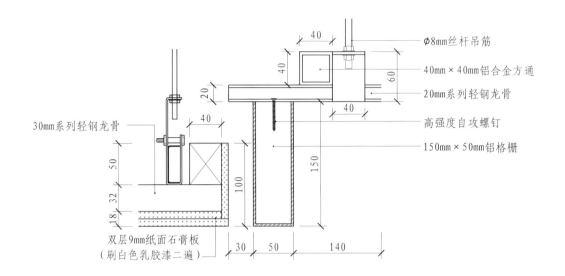

∅8mm丝杆吊筋
40mm×40mm铝合金方通
20mm系列轻钢龙骨
高强度自攻螺钉
150mm×50mm铝格栅

30mm系列轻钢龙骨

双层9mm纸面石膏板
(刷白色乳胶漆二遍)

铝格栅与石膏板相接构造图

铝格栅与石膏板相接三维示意图

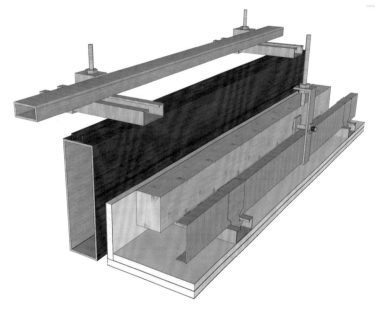

施工要点

1.高强度自攻丝一定选用不锈钢的,这样强度和防锈性能都要高很多。选用十字的自攻丝最为常见。

2.在格栅吊顶施工前,吊顶以上部分的电气布线、空调管道、消防管道、给排水管道必须安装就位,并基本调试完毕。从吊顶经墙体接下的各种开关、插座线路也应安装就绪。

铝格栅与木饰面相接

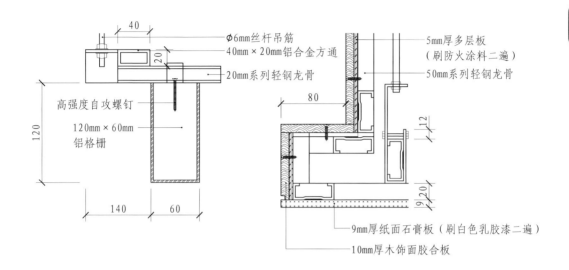

铝格栅与木饰面相接构造图

铝格栅与木饰面相接三维示意图

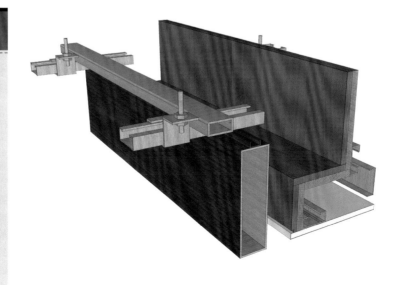

施工要点

1.在涂刷乳胶漆的时候,要注意上下刷顺,后一排笔紧接着前一排笔,若间隔时间稍长,就容易看出明显接头,因此大面积涂刷时,应配足人员,互相衔接。

2.木饰面板以纹理清晰、色泽协调为优。色泽不协调、出现损伤的面板会有不规则的色差,甚至产生色变、发黑现象,为不合格面板。除此之外,还要看面板是否翘曲变形,能否垂直竖立、自然平放。

铝扣板与石膏板相接

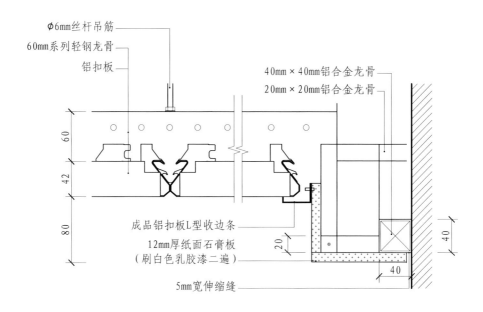

Φ6mm丝杆吊筋
60mm系列轻钢龙骨
铝扣板

40mm×40mm铝合金龙骨
20mm×20mm铝合金龙骨

60
42
80

成品铝扣板L型收边条
12mm厚纸面石膏板
（刷白色乳胶漆二遍）
20
40
40

5mm宽伸缩缝

铝扣板与石膏板相接构造图

铝扣板与石膏板相接三维示意图

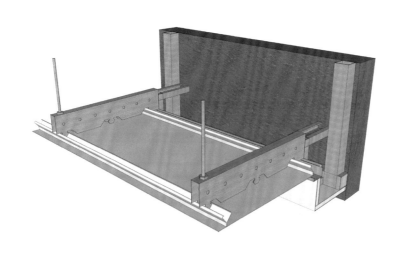

施工要点

1.鉴别铝扣板材质的优劣，可通过选取一块样板，用手把它折弯。若铝材不好，则很容易被折弯，且不会恢复原来的形状，质地好的铝材被折弯之后，会在一定程度上反弹。

2.纸面石膏板的强度性能与变形是依方向而定的，板纵向的各项性能要比横向优越，因此吊顶时不允许将石膏板的纵向与覆面龙骨平行，应与龙骨垂直，这是防止变形和接缝开裂的重要措施。

铝扣板与软膜相接

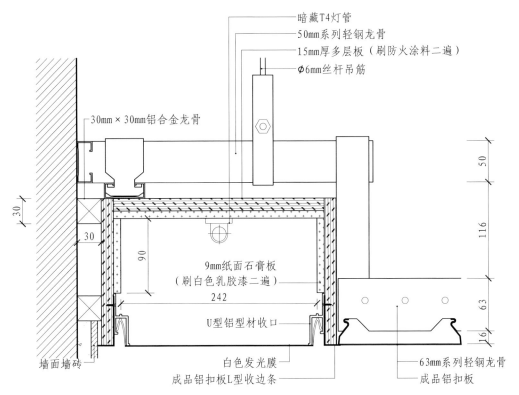

- 暗藏T4灯管
- 50mm系列轻钢龙骨
- 15mm厚多层板（刷防火涂料二遍）
- Φ6mm丝杆吊筋
- 30mm×30mm铝合金龙骨
- 9mm纸面石膏板（刷白色乳胶漆二遍）
- U型铝型材收口
- 墙面墙砖
- 白色发光膜
- 成品铝扣板L型收边条
- 63mm系列轻钢龙骨
- 成品铝扣板

30　30　90　242　　50　116　63　16

铝扣板与软膜相接构造图

铝扣板与软膜相接三维示意图

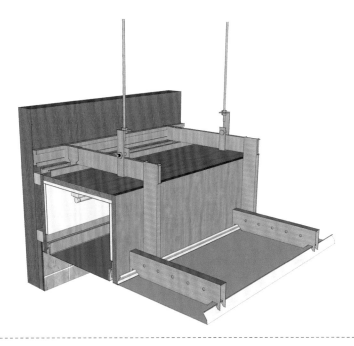

施工要点

1.龙骨架在安装的时候应适当在中央部位起拱，即中央部位应高出周边5~10mm，能避免日后扣板下垂。安装扣板时，应从空间内部（靠窗）向外（靠门）逐块安装。

2.在选择铝扣板时，并不是越厚越好，家装的铝扣板一般厚0.6mm即可，品质好的铝扣板板材的整体厚度非常均匀，不会出现厚薄不均的现象。

透光板与石膏板相接

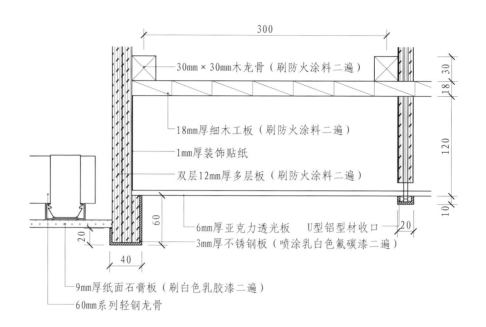

30mm×30mm木龙骨（刷防火涂料二遍）

18mm厚细木工板（刷防火涂料二遍）

1mm厚装饰贴纸

双层12mm厚多层板（刷防火涂料二遍）

6mm厚亚克力透光板　U型铝型材收口

3mm厚不锈钢板（喷涂乳白色氟碳漆二遍）

9mm厚纸面石膏板（刷白色乳胶漆二遍）

60mm系列轻钢龙骨

300

18　30

120

10

60

20

40

20

透光板与石膏板相接构造图

透光板与石膏板相接三维示意图

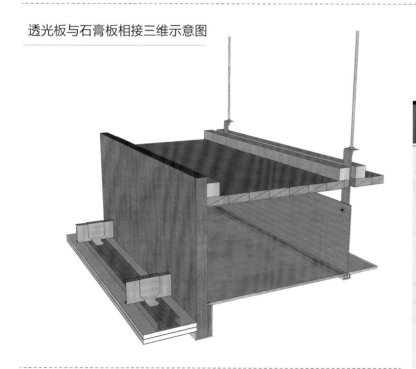

施工要点

1.施工时一定要避免过重物体长时间放在透光板上面，虽然透光板坚实、耐用，但时间长了也会变弯。亚克力板不可与其他有机溶剂同存一处，更不能直接接触有机溶剂。

2.氟碳漆喷涂施工温度为0~35℃，基面温度最好不低于0℃。在喷涂氟碳漆过程中，要保证光泽一致，不允许流挂、漏涂。

透光板与铝板相接

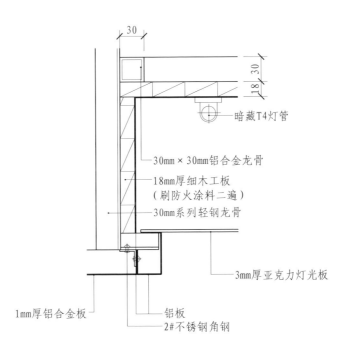

30

18 30

暗藏T4灯管

30mm×30mm铝合金龙骨

18mm厚细木工板
（刷防火涂料二遍）

30mm系列轻钢龙骨

3mm厚亚克力灯光板

1mm厚铝合金板

铝板

2#不锈钢角钢

透光板与铝板相接结构图

透光板与铝板相接三维示意图

施工要点

1.选购亚克力板时，应注意中高档产品双面都贴有覆膜，普通产品仅一面有覆膜。覆膜表面应该平整、光洁，没有气泡、裂纹等瑕疵，用手剥揭后能感到具有次序的均匀感，无特殊阻力。

2.在打理铝板时请选用合适的洗涤剂，一个基本的原则是一定要选用中性洗涤剂。请不要使用强碱性洗涤剂，例如氢氧化钾、氢氧化钠或碳酸钠，也不要使用强酸性洗涤剂、磨蚀性洗涤剂以及烤漆溶解性洗涤剂等。

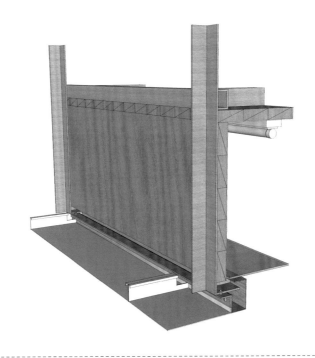

铝板与吸音板相接

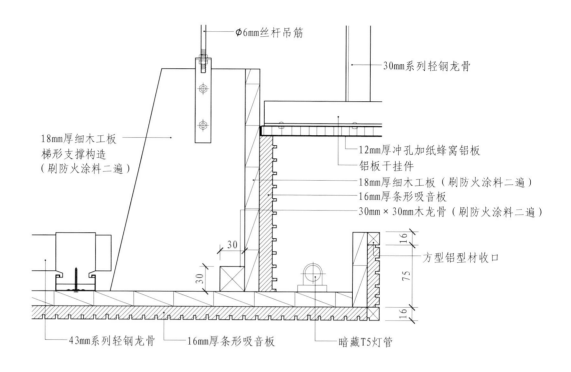

Φ6mm丝杆吊筋

30mm系列轻钢龙骨

18mm厚细木工板
梯形支撑构造
（刷防火涂料二遍）

12mm厚冲孔加纸蜂窝铝板
铝板干挂件
18mm厚细木工板（刷防火涂料二遍）
16mm厚条形吸音板
30mm×30mm木龙骨（刷防火涂料二遍）

方型铝型材收口

30

30

16

75

16

43mm系列轻钢龙骨   16mm厚条形吸音板   暗藏T5灯管

铝板与吸音板相接构造图

铝板与吸音板相接三维示意图

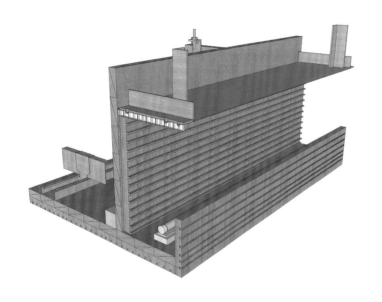

施工要点

1.在选购吸音板时，要注意板材厚度应均匀，板面应平整、光滑，没有污渍、水渍、胶迹等，四周板面细密、结实、不起毛边。可以用手敲击面板，声音清脆悦耳、均匀的纤维板质量较好，如果声音发闷，则可能发生散胶现象。

2.蜂窝铝板安装应按板材块分配图安置就位，在明胶缝部位安装角码之后，检查相邻两块板的角码是否错开，试装检查其水平度、垂直度，然后用不锈钢螺栓装试固定在主、副龙骨上，调整横竖缝间隙，使其符合要求再固定。

风口与石膏板相接

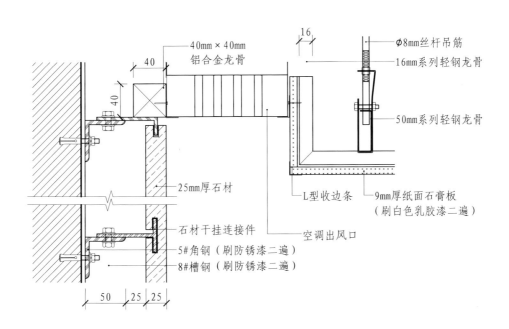

40mm×40mm
铝合金龙骨

∅8mm丝杆吊筋

16mm系列轻钢龙骨

50mm系列轻钢龙骨

25mm厚石材

L型收边条

9mm厚纸面石膏板
（刷白色乳胶漆二遍）

石材干挂连接件

空调出风口

5#角钢（刷防锈漆二遍）

8#槽钢（刷防锈漆二遍）

风口与石膏板相接构造图

风口与石膏板相接三维示意图

施工要点

1.选择条形风口是因为条形百叶风口可调上下风向，回风口可与风口过滤网合用，节片角度可以调节，叶片间有ABS塑料固定支架。固定式过滤网在清洗时可由滑道上取出过滤网，清洗后再从滑道推入继续使用。

2.在选择无纸纤维石膏板时，检查石膏板的弹性，用手敲击发出很实的声音，说明石膏板密实耐用，如发出很空的声音，说明板内有空鼓现象，且质地不好。用手掂量分量也可以衡量石膏板的优劣。

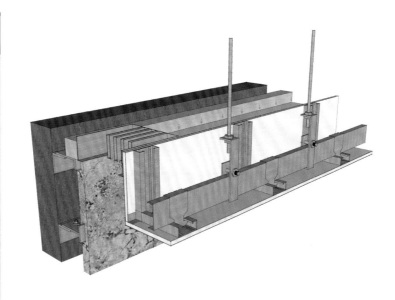

风口与金属板相接

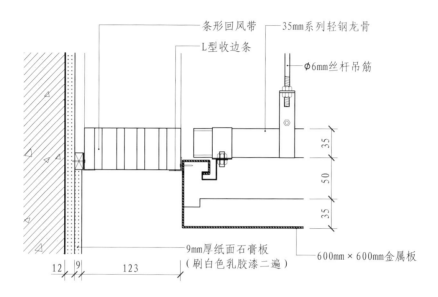

条形回风带　　　35mm系列轻钢龙骨

L型收边条

φ6mm丝杆吊筋

35
50
35

9mm厚纸面石膏板
（刷白色乳胶漆二遍）

600mm×600mm金属板

12 9 123

风口与金属板相接构造图

风口与金属板相接三维示意图

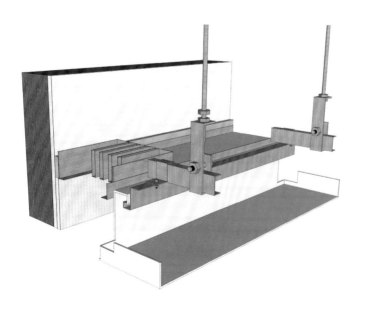

施工要点

1. 选择无纸纤维石膏板时，由于纵横向强度一样，故能够笔直及水平装置。无纸纤维石膏板的装置及固定，除了与纸面石膏板一样用螺钉、圆钉固定，其施工更为便利。

2. 在选购金属板时，要考虑板材受压时的强度要求，如果金属板的厚度不够、容易弯曲，会影响装饰板的安装。

玻璃隔断与石膏板相接

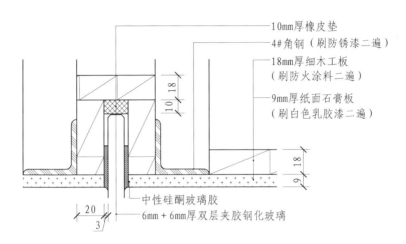

- 10mm厚橡皮垫
- 4#角钢（刷防锈漆二遍）
- 18mm厚细木工板（刷防火涂料二遍）
- 9mm厚纸面石膏板（刷白色乳胶漆二遍）
- 中性硅酮玻璃胶
- 6mm＋6mm厚双层夹胶钢化玻璃

玻璃隔断与石膏板相接构造图

玻璃隔断与石膏板相接三维示意图

施工要点

1. 填密封胶时，一定要将修补部位清洁干净，去除油污、尘土，沿着施胶处表面，以钢珠棒抹平、修饰胶体表面，去除多余的胶体。

2. 优质的焗油玻璃能抗腐蚀、真菌、霉变及紫外线，不受温度与天气变化的影响。

3. 在安装玻璃隔断时，首先在玻璃上沿四周粘上纸胶带，根据设计要求将各种玻璃胶均匀地涂在玻璃与小龙骨之间，待玻璃胶完全干后撕掉纸胶带。

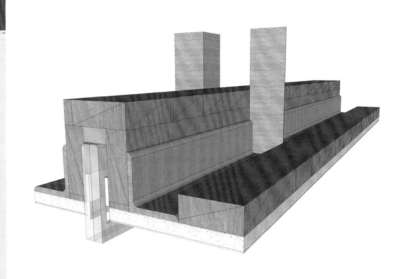

玻璃隔断与铝板相接

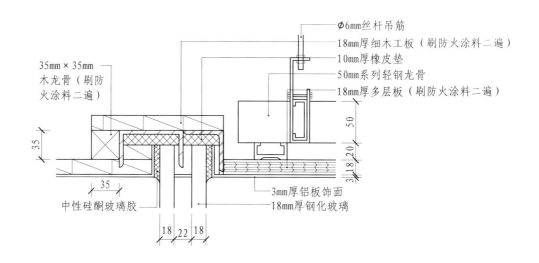

35mm×35mm
木龙骨（刷防
火涂料二遍）

Φ6mm丝杆吊筋
18mm厚细木工板（刷防火涂料二遍）
10mm厚橡皮垫
50mm系列轻钢龙骨
18mm厚多层板（刷防火涂料二遍）

3mm厚铝板饰面
18mm厚钢化玻璃

中性硅酮玻璃胶

玻璃隔断与铝板相接构造图

玻璃隔断与铝板相接三维示意图

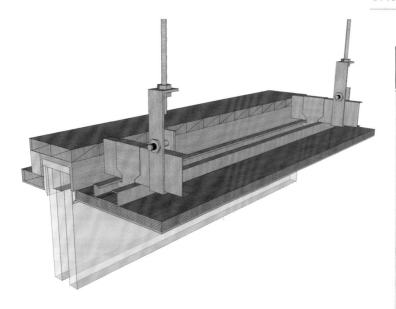

施工要点

1.在选购钢化玻璃时，要注意识别，可以透过偏振光片在钢化玻璃的边缘上看到彩色条纹，而在钢化玻璃面层观察，可以看到黑白相间的斑点。

2.如果使用压条安装玻璃，应先固定玻璃一侧的压条，并用橡胶垫垫在玻璃下方，再用压条将玻璃固定；如用玻璃胶直接固定玻璃，应将玻璃先安装在小龙骨的预留槽内，然后用玻璃胶封闭固定。

矿棉板与石膏板相接

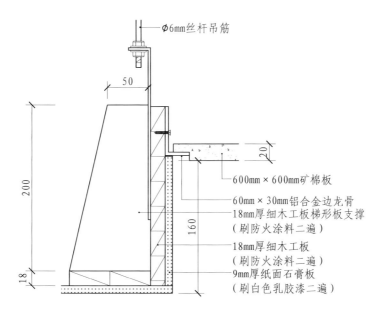

Φ6mm丝杆吊筋

50

200

160

20

18

600mm×600mm矿棉板

60mm×30mm铝合金边龙骨

18mm厚细木工板梯形板支撑
（刷防火涂料二遍）

18mm厚细木工板
（刷防火涂料二遍）

9mm厚纸面石膏板
（刷白色乳胶漆二遍）

矿棉板与石膏板相接构造图

矿棉板与石膏板相接三维示意图

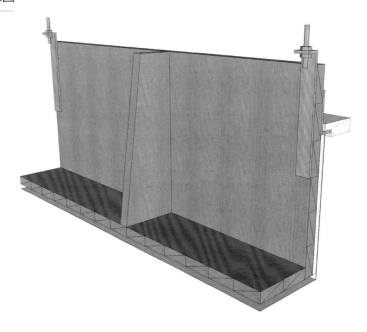

施工要点

1.安装边龙骨时，采用L形边龙骨，用塑料胀管或自攻螺钉固定在墙体上，固定间距为200mm。

2.优质的矿棉板能够有效消除有害噪声，有减轻疲劳、消除烦躁情绪的作用。能够吸附分解有毒、有害气体，增加室内生活空间的负氧离子浓度。矿棉的强反光能力能够有效改善室内光线，保护视力、消除疲劳。

矿棉板与铝格栅相接

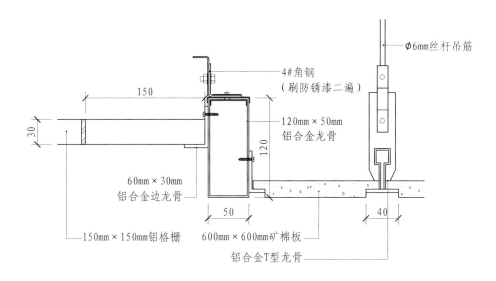

φ6mm丝杆吊筋

4#角钢
（刷防锈漆二遍）

120mm × 50mm
铝合金龙骨

150

30

120

60mm × 30mm
铝合金边龙骨

50

40

150mm × 150mm铝格栅

600mm × 600mm矿棉板

铝合金T型龙骨

矿棉板与铝格栅相接构造图

矿棉板与铝格栅相接三维示意图

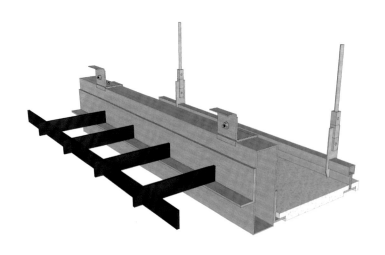

施工要点

1.边龙骨的安装应按设计要求弹线，沿墙上的水平龙骨线，把L形镀锌轻钢条或铝材用自攻螺钉固定在预埋木桩上。

2.在选择铝格栅的时候，要注意选择可减少室内热辐射的格栅，这样能降低阳光照射，从而降低室内温度，还要注意铝格栅的通风性能。

软膜与石膏板相接

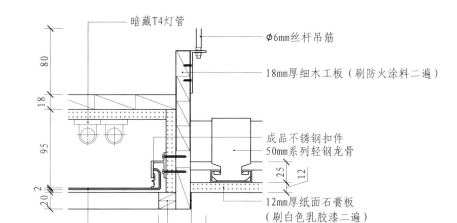

暗藏T4灯管

Φ6mm丝杆吊筋

18mm厚细木工板（刷防火涂料二遍）

成品不锈钢扣件
50mm系列轻钢龙骨

12mm厚纸面石膏板
（刷白色乳胶漆二遍）

1.2mm厚拉丝不锈钢

9mm厚多层板（刷防火涂料二遍）

柔性张拉膜

软膜与石膏板相接构造图

软膜与石膏板相接三维示意图

施工要点

1.展开柔性张拉膜后，尽量避免在施工现场移动，更不要穿鞋在膜面上行走。

2.优质的张拉膜具有轻质、透光性好、柔性、安全的特点。在风荷载或雪荷载的作用下不会产生变形，不会因折叠而产生脆裂或破损现象。

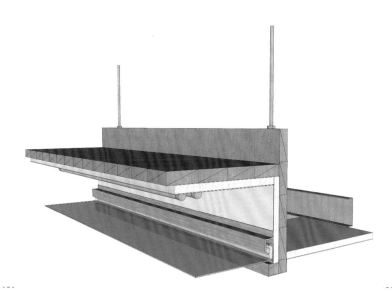

顶面铝板伸缩缝做法

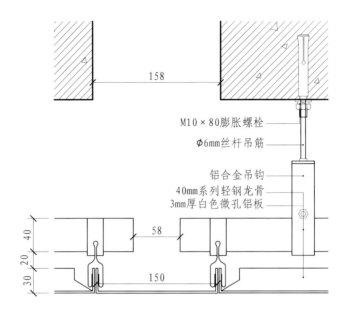

M10×80膨胀螺栓
Φ6mm丝杆吊筋

铝合金吊钩
40mm系列轻钢龙骨
3mm厚白色微孔铝板

158

58

40

20

30

150

顶面铝板伸缩缝做法构造图

顶面铝板伸缩缝做法三维示意图

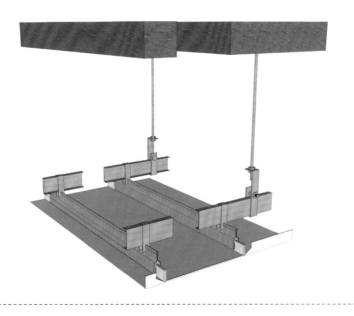

施工要点

1.优质的微孔铝板强度高，单位面积的质量轻巧，消音效果较好，可以防潮及防霉变。

2.在安装微孔铝板时，要轻拿轻放，必须顺着翻边部位顺序将板两边轻压，卡进龙骨后再推紧。

3.在施工安装之前，应认真检验伸缩缝槽口是否符合产品要求，多余部分应凿去，缺损部分应修补，过深、过宽部分需用直筋加固，确保槽口的平直度和坚固性。

纸面石膏板与钢结构圆柱相接

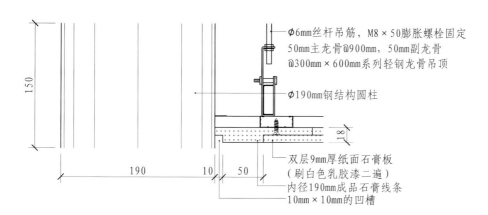

φ6mm丝杆吊筋，M8×50膨胀螺栓固定

50mm主龙骨@900mm，50mm副龙骨
@300mm×600mm系列轻钢龙骨吊顶

φ190mm钢结构圆柱

双层9mm厚纸面石膏板
（刷白色乳胶漆二遍）

内径190mm成品石膏线条

10mm×10mm的凹槽

150

190　10　50

18

纸面石膏板与钢结构圆柱相接构造图

纸面石膏板与钢结构圆柱相接三维示意图

施工要点

1.制作吊顶龙骨前，应精确放线
定位，确定纵横向龙骨与吊杆的
确切位置。

2.吊杆局部可以根据需要进行调
节，保证龙骨底面的平整度。

3.石膏板的弧形造型能力有限，
弯曲幅度不宜过大，应该保留缩
胀缝隙。

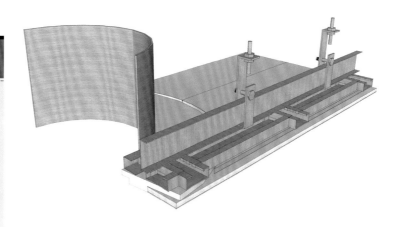

木饰面与钢结构圆柱相接

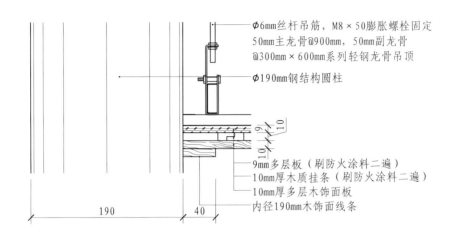

Φ6mm丝杆吊筋，M8×50膨胀螺栓固定
50mm主龙骨@900mm，50mm副龙骨
@300mm×600mm系列轻钢龙骨吊顶

Φ190mm钢结构圆柱

9mm多层板（刷防火涂料二遍）
10mm厚木质挂条（刷防火涂料二遍）
10mm厚多层木饰面板
内径190mm木饰面线条

190   40

木饰面与钢结构圆柱相接构造图

木饰面与钢结构圆柱相接三维示意图

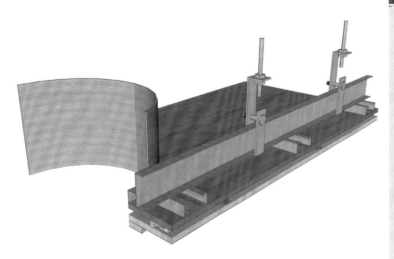

施工要点

1.在木饰面反面对应木基层的位置安装反向挂条（其挂条与基层挂条应成45°角两相对应，同样在所处的木饰面位置涂刷白胶，固定挂条时，汽钉长度要控制好，确保离饰面表层6mm以上，否则会造成饰面的凸起。

2.在木饰面安装过程中，若木饰面加工长度大于现场安装长度，应根据所定的水平线裁切两边，两面切口要光滑、整齐，同时刷防火、防腐涂料三度，两端还要用油漆封闭。

窗帘盒与玻璃幕墙收口（一）

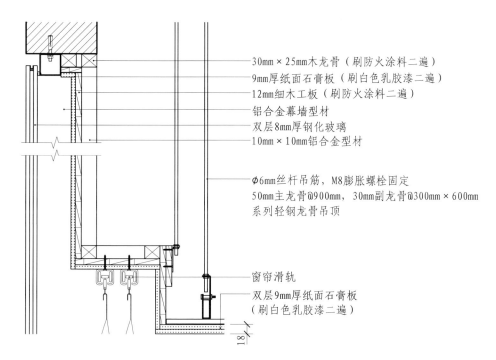

30mm×25mm木龙骨（刷防火涂料二遍）

9mm厚纸面石膏板（刷白色乳胶漆二遍）

12mm细木工板（刷防火涂料二遍）

铝合金幕墙型材

双层8mm厚钢化玻璃

10mm×10mm铝合金型材

Φ6mm丝杆吊筋，M8膨胀螺栓固定

50mm主龙骨@900mm，30mm副龙骨@300mm×600mm

系列轻钢龙骨吊顶

窗帘滑轨

双层9mm厚纸面石膏板

（刷白色乳胶漆二遍）

窗帘盒与玻璃幕墙收口（一）构造图

窗帘盒与玻璃幕墙收口（一）三维示意图

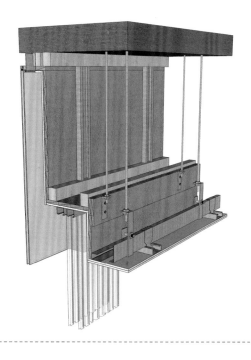

施工要点

1.在选购幕墙型材时，要注意结构件型材壁厚不小于3mm，经过阳极氧化处理的铝合金型材表面颜色基本均匀，不允许有腐蚀斑点、电焊伤、黑斑、氧化膜脱落等缺陷。

2.钢架转换层吊杆距主龙骨端部的距离应不大于300mm，当大于300mm时，应增加吊杆。当吊杆长度大于1.5m时，应设置反向支撑。

窗帘盒与玻璃幕墙收口（二）

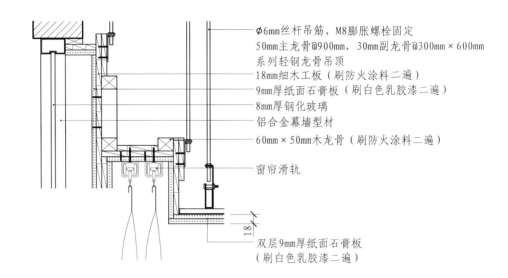

Φ6mm丝杆吊筋，M8膨胀螺栓固定
50mm主龙骨@900mm，30mm副龙骨@300mm×600mm
系列轻钢龙骨吊顶
18mm细木工板（刷防火涂料二遍）
9mm厚纸面石膏板（刷白色乳胶漆二遍）
8mm厚钢化玻璃
铝合金幕墙型材
60mm×50mm木龙骨（刷防火涂料二遍）
窗帘滑轨

18

双层9mm厚纸面石膏板
（刷白色乳胶漆二遍）

窗帘盒与玻璃幕墙收口（二）构造图

窗帘盒与玻璃幕墙收口（二）三维示意图

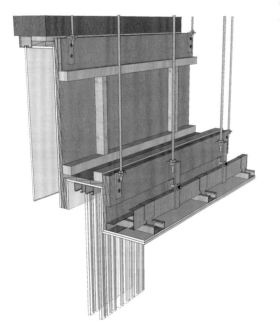

施工要点

1.在使用防火涂料施工前，必须将基材表面的尘土、油污去除干净。涂料必须充分搅拌均匀才能使用。

2.乳胶漆应选择干燥速度快、耐碱性好、色彩柔和、漆膜坚硬、色彩附着力强的。优质的产品有淡淡的清香，而伪劣产品具有泥土味，甚至带有刺鼻的味道，或无任何气味。

第 3 章

墙　　面

扫码获取电子资源

3.1 木饰面干挂

木龙骨干挂木饰面墙面做法（一）

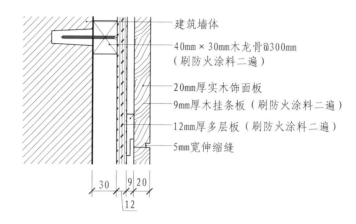

建筑墙体

40mm×30mm木龙骨@300mm
（刷防火涂料二遍）

20mm厚实木饰面板

9mm厚木挂条板（刷防火涂料二遍）

12mm厚多层板（刷防火涂料二遍）

5mm宽伸缩缝

30　9　20
12

木龙骨干挂木饰面墙面做法（一）构造图

木龙骨干挂木饰面墙面做法（一）三维示意图

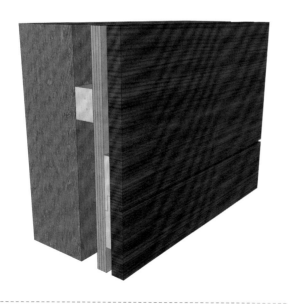

施工要点

1.刷防火涂料前，应先将涂料搅拌均匀，如有要求，使用配套稀释剂将涂料调整到适合涂刷的黏度。

2.木挂板水平接口要保留3~5mm接缝，按要求固定完毕后，用可涂性聚氨脂胶（PU25）或瓷砖黏结剂作补缝处理。木挂板一端和内角或外角相连处应自然靠拢，并留适当的缝隙用胶或瓷砖黏结剂密封。

木龙骨干挂木饰面墙面做法（二）

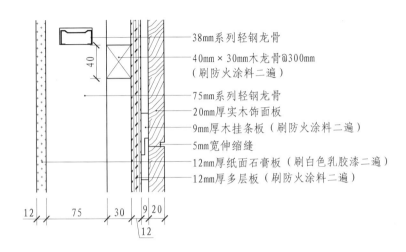

- 38mm系列轻钢龙骨
- 40mm×30mm木龙骨@300mm（刷防火涂料二遍）
- 75mm系列轻钢龙骨
- 20mm厚实木饰面板
- 9mm厚木挂条板（刷防火涂料二遍）
- 5mm宽伸缩缝
- 12mm厚纸面石膏板（刷白色乳胶漆二遍）
- 12mm厚多层板（刷防火涂料二遍）

12　75　30　9　20
12

木龙骨干挂木饰面墙面做法（二）构造图

木龙骨干挂木饰面墙面做法（二）三维示意图

施工要点

1.基层挂件与饰面挂件要求挂合后能吻合良好，安装后的木饰面不能松动和滑移。

2.木饰面留工艺缝不仅起到美观的作用，还可避免木饰面因过长、过宽或过高带来的一系列问题，如起拱、开裂、错位等，这些都是木制品发生的变形，单位体越大，变形量就越大，所以在木饰面生产中会将大面积刻意分割成较小的单位体，这些单位体之间的连接靠留缝隙过渡。

轻钢龙骨干挂木饰面墙面做法

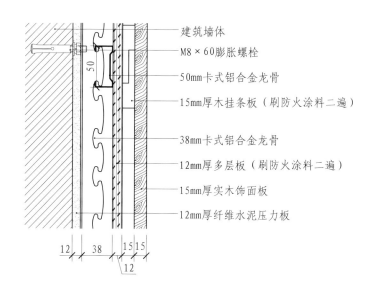

建筑墙体

M8×60膨胀螺栓

50mm卡式铝合金龙骨

15mm厚木挂条板（刷防火涂料二遍）

38mm卡式铝合金龙骨

12mm厚多层板（刷防火涂料二遍）

15mm厚实木饰面板

12mm厚纤维水泥压力板

轻钢龙骨干挂木饰面墙面做法构造图

轻钢龙骨干挂木饰面墙面做法三维示意图

施工要点

1.要想选购到合格的卡式龙骨，首先要从外观上判断。选择卡式龙骨时要注意外观平整、棱角清晰，切口处没有影响使用的毛刺和变形。

2.首先在木饰面基层上对挂件位置进行放线，要求每块木饰面的一组对应边必须与基层框架的其中一条木方重合，每块木饰面的一组对应边必须为安放挂件的位置。

无龙骨干挂木饰面墙面做法（一）

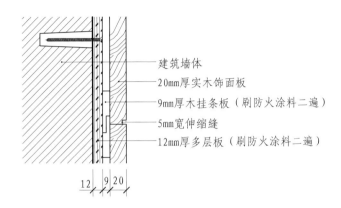

建筑墙体

20mm厚实木饰面板

9mm厚木挂条板（刷防火涂料二遍）

5mm宽伸缩缝

12mm厚多层板（刷防火涂料二遍）

12 9 20

无龙骨干挂木饰面墙面做法（一）构造图

无龙骨干挂木饰面墙面做法（一）三维示意图

施工要点

1.多层板是将不同纹路的单板拼贴在一起制成的，因此在选择上要注意拼缝处是否严密，是否出现高低不平的情况，如果有，那么这种多层板质量是不好的。

2.选购合格的防火涂料时，要记得检查它的防火性能。如果防火涂料属于膨胀类型，一旦受到大火强烈燃烧，将会出现膨胀，这样大量发泡会使涂料表面完全凸起，那么短时间内不会出现燃烧破损的现象。

无龙骨干挂木饰面墙面做法（二）

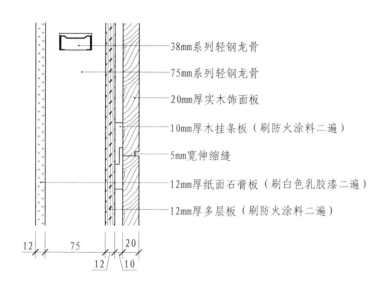

38mm系列轻钢龙骨

75mm系列轻钢龙骨

20mm厚实木饰面板

10mm厚木挂条板（刷防火涂料二遍）

5mm宽伸缩缝

12mm厚纸面石膏板（刷白色乳胶漆二遍）

12mm厚多层板（刷防火涂料二遍）

12　75　12　10　20

无龙骨干挂木饰面墙面做法（二）构造图

无龙骨干挂木饰面墙面做法（二）三维示意图

施工要点

1.竖龙骨斜放于凹槽内，竖龙骨与天地龙骨采用铆钉固定，固定间距为400mm，固定顺序应从墙体一端依次排到另一端。

2.木饰面板施工时，应尽量避免顶头密拼连接，饰面板应在背面刷三遍防火漆，同时下料前必须用油漆封底，避免开裂，便于清洁，施工时避免表面摩擦和局面受力，严禁锤击。

3.2 软包做法

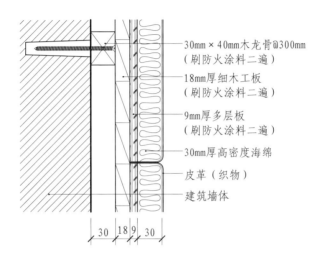

30mm×40mm木龙骨@300mm
（刷防火涂料二遍）

18mm厚细木工板
（刷防火涂料二遍）

9mm厚多层板
（刷防火涂料二遍）

30mm厚高密度海绵

皮革（织物）

建筑墙体

30 18 9 30

软包做法（一）构造图

软包做法（一）三维示意图

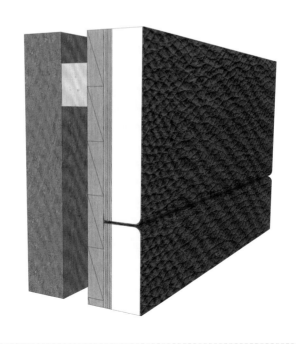

施工要点

1.软包和包墙面所用填充材料包括纺织面料、木龙骨、木基层板等，均应进行防火、防潮处理。木龙骨采用工艺预制，可整体或分片安装，与墙体紧密连接。

2.皮革一般情况下不宜进行拼接，采购时必须充分考虑设计分格、造型等对幅宽的要求。而皮革由于受幅面影响，使用前需要进行拼接下料，拼接时必须使各小块皮革的鬃眼方向保持一致，接缝形式要满足设计和规范要求。

软包做法（二）

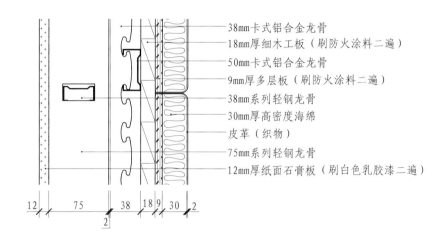

38mm卡式铝合金龙骨
18mm厚细木工板（刷防火涂料二遍）
50mm卡式铝合金龙骨
9mm厚多层板（刷防火涂料二遍）
38mm系列轻钢龙骨
30mm厚高密度海绵
皮革（织物）
75mm系列轻钢龙骨
12mm厚纸面石膏板（刷白色乳胶漆二遍）

12　75　38　18　9　30　2
2

软包做法（二）构造图

软包做法（二）三维示意图

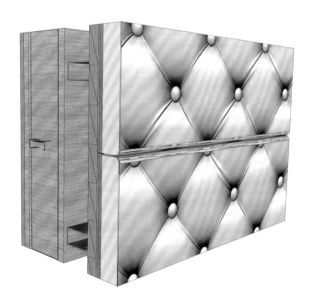

施工要点

1.在选择卡式龙骨时，要注意外观平整、棱角清晰，切口处没有影响使用的毛刺和变形。优质的卡式龙骨有光泽、无裂痕，且不会有暗沉的颜色，选购时一定要注意辨别。

2.一般情况下，织物面料的经线应垂直于地面，纬线沿水平方向使用。用于同一场所的所有面料，纹理方向必须一致，尤其是起绒面料，更应注意。织物面料必须先进行拉伸，熨烫平整后再进行蒙面上墙。

软包做法（三）

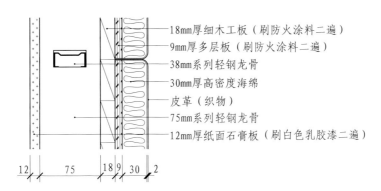

18mm厚细木工板（刷防火涂料二遍）
9mm厚多层板（刷防火涂料二遍）
38mm系列轻钢龙骨
30mm厚高密度海绵
皮革（织物）
75mm系列轻钢龙骨
12mm厚纸面石膏板（刷白色乳胶漆二遍）

12　75　18　9　30　2

软包做法（三）构造图

软包做法（三）三维示意图

施工要点

1.蒙面面料有花纹和图案时，应先蒙一块镶嵌衬板作为基准，再按编号将与之相邻的衬板面料对准花纹后进行裁剪。

2.皮革饰面施工时，应该注意墙面要平整、光滑、色泽一致、干燥并完全干透才能粘墙革。墙面要刷一层界面剂，使用环保胶，室内施工温度应在15~28℃。

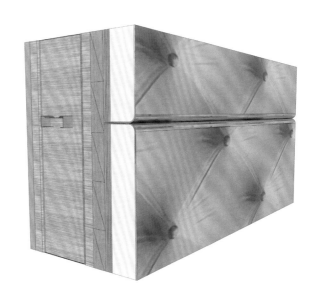

软包做法（四）

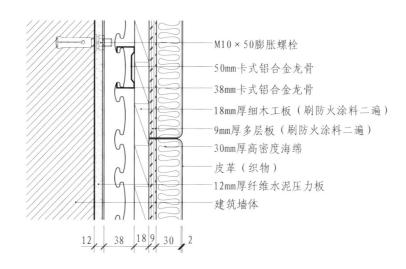

M10×50膨胀螺栓

50mm卡式铝合金龙骨

38mm卡式铝合金龙骨

18mm厚细木工板（刷防火涂料二遍）

9mm厚多层板（刷防火涂料二遍）

30mm厚高密度海绵

皮革（织物）

12mm厚纤维水泥压力板

建筑墙体

软包做法（四）构造图

软包做法（四）三维示意图

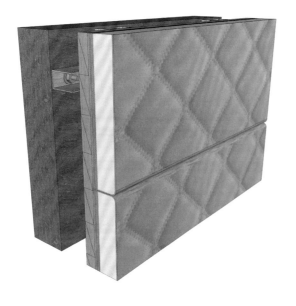

施工要点

1.施工前应先检查软包部位基层情况，如果墙面基层不平整、不垂直，有松动开裂现象，应先对基层进行处理，墙面含水率较大时，应干燥后再施工作业。

2.将软包层底板四周用封边条进行固定，在多层板上满刷薄而均匀的一层乳胶液，然后把填充层（海绵垫）从板的一端向另一端黏在衬板上，注意将海绵垫黏结平整，不得有鼓包或折痕。

轻钢龙骨隔墙木龙骨基层软包做法

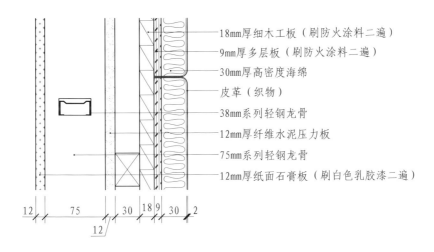

18mm厚细木工板（刷防火涂料二遍）
9mm厚多层板（刷防火涂料二遍）
30mm厚高密度海绵
皮革（织物）
38mm系列轻钢龙骨
12mm厚纤维水泥压力板
75mm系列轻钢龙骨
12mm厚纸面石膏板（刷白色乳胶漆二遍）

12　75　30　18　9　30　2
12

轻钢龙骨隔墙木龙骨基层软包做法构造图

轻钢龙骨隔墙木龙骨基层软包做法三维示意图

施工要点

1.将穿心龙骨插入竖向龙骨穿心孔内，利用竖向龙骨上的支托与穿心龙骨腹板进行冲压连接，有效解决了原有工艺中采用专用卡件卡接时穿心龙骨可以左右移动的问题。

2.在铺设纤维水泥压力板时，板材的长边方向必须与副龙骨的方向垂直，并使板材宽度方向的接缝交错排列。

3.3 硬包做法

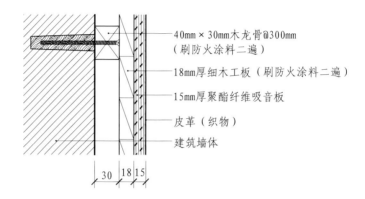

40mm×30mm木龙骨@300mm
（刷防火涂料二遍）

18mm厚细木工板（刷防火涂料二遍）

15mm厚聚酯纤维吸音板

皮革（织物）

建筑墙体

30 | 18 | 15

硬包做法（一）构造图

硬包做法（一）三维示意图

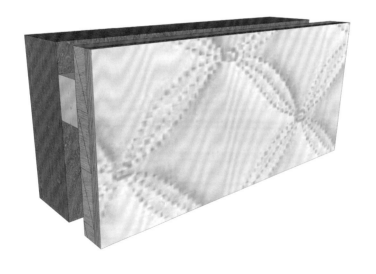

施工要点

1.木龙骨一般用白松烘干料，含水率不大于12%，厚度应根据设计要求设计，不得有腐朽、节疤、劈裂、扭曲等瑕疵，并预先经防腐处理。龙骨、衬板、边框应安装牢固，无翘曲，拼缝应平直。

2.由于人造革材料可成卷供应，当较大面积施工时，可进行成卷铺装。但应注意，人造革卷材的幅面宽度应大于横向木筋，并保证基面细木工板的接缝置于墙筋上。

硬包做法（二）

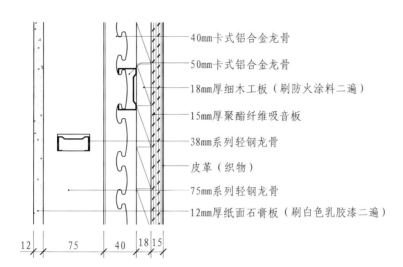

40mm卡式铝合金龙骨

50mm卡式铝合金龙骨

18mm厚细木工板（刷防火涂料二遍）

15mm厚聚酯纤维吸音板

38mm系列轻钢龙骨

皮革（织物）

75mm系列轻钢龙骨

12mm厚纸面石膏板（刷白色乳胶漆二遍）

12　75　40　18　15

硬包做法（二）构造图

硬包做法（二）三维示意图

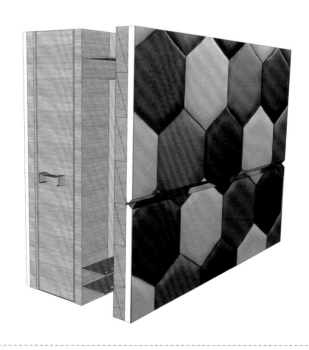

施工要点

1.裁割及黏结面料时，应注意花纹走向，避免花纹错乱影响美观。

2.硬包制作好后，用黏结剂或直钉将硬包固定在墙面上，水平度、垂直度应达到规范要求，阴阳角应进行对角。

3.硬包相邻部位做油漆或其他喷涂时，应用纸胶带或废报纸进行遮盖，避免污染。

硬包做法（三）

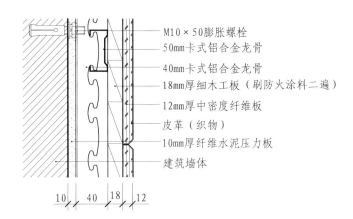

M10×50膨胀螺栓
50mm卡式铝合金龙骨
40mm卡式铝合金龙骨
18mm厚细木工板（刷防火涂料二遍）
12mm厚中密度纤维板
皮革（织物）
10mm厚纤维水泥压力板
建筑墙体

10　40　18　12

硬包做法（三）构造图

硬包做法（三）三维示意图

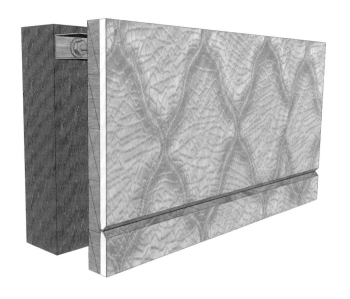

施工要点

1.硬包工程的龙骨对称边框的安装应牢固，拼缝应平直。

2.单块面料不要有接缝，四周要严密合缝。

3.硬包表面应该平整、干净、图案清晰、无色差，整体要协调美观。

4.边框也要平整、平直，接缝吻合，清漆颜色、木纹也要协调一致。

轻钢龙骨隔墙木龙骨基层硬包做法

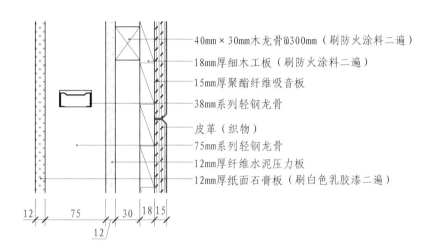

40mm×30mm木龙骨@300mm（刷防火涂料二遍）
18mm厚细木工板（刷防火涂料二遍）
15mm厚聚酯纤维吸音板
38mm系列轻钢龙骨
皮革（织物）
75mm系列轻钢龙骨
12mm厚纤维水泥压力板
12mm厚纸面石膏板（刷白色乳胶漆二遍）

12　75　30　18　15

12

轻钢龙骨隔墙木龙骨基层硬包做法构造图

轻钢龙骨隔墙木龙骨基层硬包做法三维示意图

施工要点

1.把填充材料固定在预制的铺贴镶嵌底板上，然后按照定位标志找好横竖坐标并上下摆正。首先要把临时的木条钉子稳定好，然后下端和两侧都找好位置，按照要求贴面料。

2.一般来说，硬包墙面施工安排靠后，如果修整硬包墙面的工作比较简单，施工插入比较早，增加了成品保护膜，那么工作量就比较大，如除尘清理、钉眼胶痕的处理工作等。

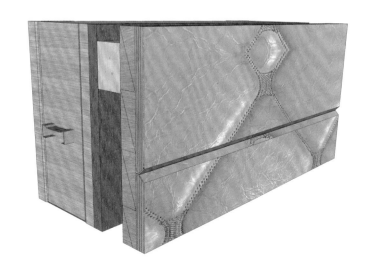

3.4 乳胶漆类做法

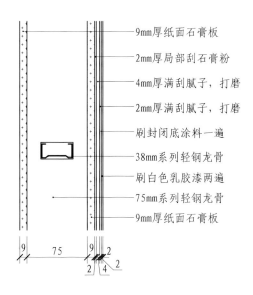

9mm厚纸面石膏板

2mm厚局部刮石膏粉

4mm厚满刮腻子，打磨

2mm厚满刮腻子，打磨

刷封闭底涂料一遍

38mm系列轻钢龙骨

刷白色乳胶漆两遍

75mm系列轻钢龙骨

9mm厚纸面石膏板

乳胶漆类做法（一）构造图

乳胶漆类做法（一）三维示意图

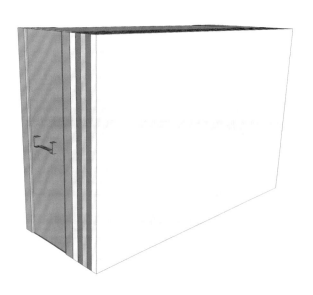

施工要点

1.面层界面剂施工时，基面应该干净、不松动、无灰尘，油脂、青苔、地毯胶等应清除掉，松动及开裂部位应事先凿除并修补好。

2.墙面干透后涂刷封闭底漆，底漆可增加面漆的附着力和遮盖性，并封固墙体的碱性物质。注意不宜在温度低于5℃、湿度高于75%的环境下施工。

乳胶漆类做法（二）

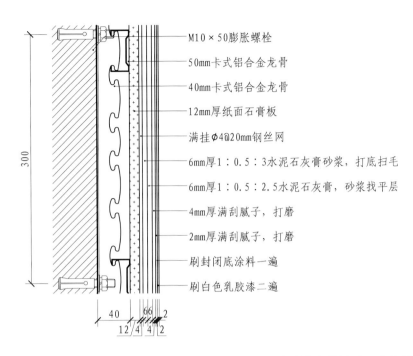

- M10×50膨胀螺栓
- 50mm卡式铝合金龙骨
- 40mm卡式铝合金龙骨
- 12mm厚纸面石膏板
- 满挂φ4@20mm钢丝网
- 6mm厚1：0.5：3水泥石灰膏砂浆，打底扫毛
- 6mm厚1：0.5：2.5水泥石灰膏，砂浆找平层
- 4mm厚满刮腻子，打磨
- 2mm厚满刮腻子，打磨
- 刷封闭底涂料一遍
- 刷白色乳胶漆二遍

乳胶漆类做法（二）构造图

乳胶漆类做法（二）三维示意图

施工要点

1.第一遍满刮腻子时，所有微小砂眼及收缩裂缝均需满刮，以密实、平整、线角棱边整齐为度。

2.第二遍满刮腻子时，应与前遍刮抹方向互相垂直，即应沿着墙面竖刮，将墙面进一步刮满及打磨至平整流畅、光滑为止。

3.第三遍用刮板刮找补腻子，墙面刮平、刮光、干燥后，用细砂纸磨平、磨光，注意不要漏磨或将腻子磨穿，刷两遍乳胶漆。

3.5 不锈钢做法

木龙骨基层不锈钢做法

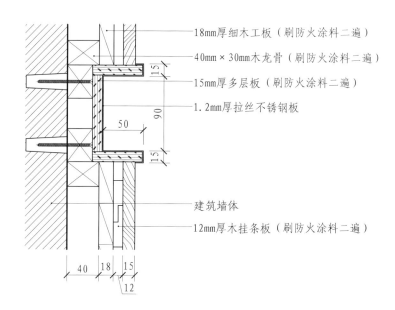

18mm厚细木工板（刷防火涂料二遍）

40mm×30mm木龙骨（刷防火涂料二遍）

15mm厚多层板（刷防火涂料二遍）

1.2mm厚拉丝不锈钢板

建筑墙体

12mm厚木挂条板（刷防火涂料二遍）

木龙骨基层不锈钢做法构造图

木龙骨基层不锈钢做法三维示意图

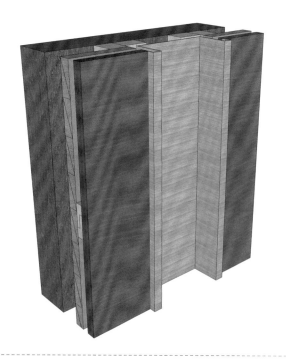

施工要点

1.安装防火板时，应从板的中部向板的四周固定，钉头略埋入板内，但不得损坏防火板表面，钉眼应用石膏腻子抹平。

2.安装拉丝不锈钢板时，不能用力过猛，以免影响其正确的安装位置，或造成零件局部变形、损坏。在安装过程中，禁止其他硬物划伤饰面，以免影响装饰效果和使用寿命。

轻钢龙骨基层不锈钢做法

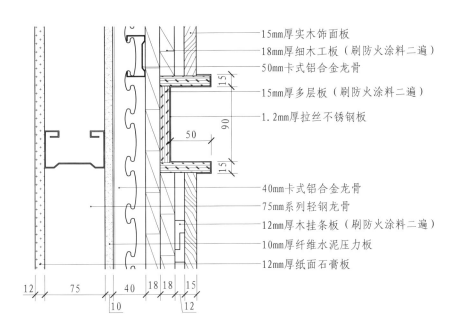

- 15mm厚实木饰面板
- 18mm厚细木工板（刷防火涂料二遍）
- 50mm卡式铝合金龙骨
- 15mm厚多层板（刷防火涂料二遍）
- 1.2mm厚拉丝不锈钢板
- 40mm卡式铝合金龙骨
- 75mm系列轻钢龙骨
- 12mm厚木挂条板（刷防火涂料二遍）
- 10mm厚纤维水泥压力板
- 12mm厚纸面石膏板

轻钢龙骨基层不锈钢做法构造图

轻钢龙骨基层不锈钢做法三维示意图

施工要点

1.防火板宜使用整板，如需对接时，应紧靠，但不得强压就位。端部的防火板与顶面、地面应留有3mm的槽口。施工时，先在槽口处加注嵌缝膏，然后铺设，挤压嵌缝膏使其和邻近表层紧密接触。

2.选购防火板时，要查看防火板产品外观，首先要看其整块板面颜色、肌理是否一致，有无色差及瑕疵，用手摸有没有凹凸不平、起泡的现象，优质的防火板应该是图案清晰、无色差、表面平整光滑、耐磨的产品。

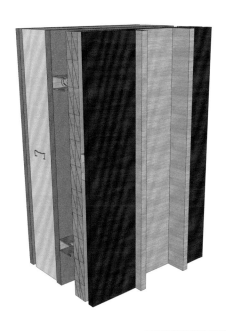

不锈钢楼梯护栏

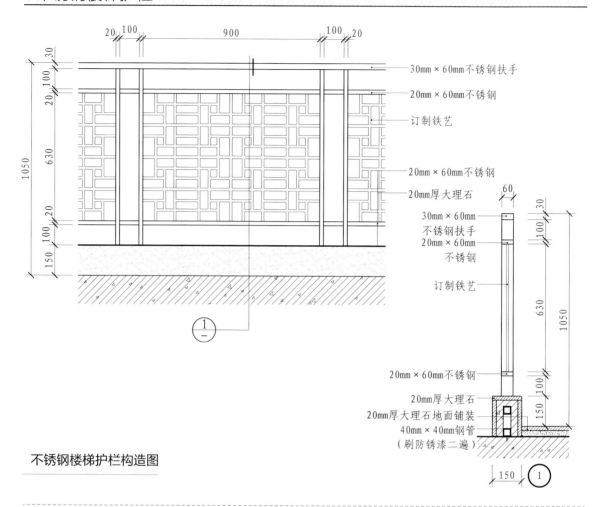

- 30mm×60mm不锈钢扶手
- 20mm×60mm不锈钢
- 订制铁艺
- 20mm×60mm不锈钢
- 20mm厚大理石

30mm×60mm
不锈钢扶手
20mm×60mm
不锈钢

订制铁艺

20mm×60mm不锈钢

20mm厚大理石
20mm厚大理石地面铺装
40mm×40mm钢管
（刷防锈漆二遍）

不锈钢楼梯护栏构造图

不锈钢楼梯护栏三维示意图

施工要点

1.选购方管时，首先要注意方管的外观是否有锈斑，焊接是否平整，管头毛刺多少，方管直线度如何（不要不直的管子），还要注意接头管是否存在。

2.立柱与扶手连接时，扶手直接放入立柱凹槽中，从一端向另一端依次点焊安装，相邻扶手安装对接准确、接缝严密。焊接前必须沿焊缝每边清理干净油污、毛刺、锈斑等。

第 4 章

隔墙幕墙

扫码获取电子资源

4.1 特色隔墙

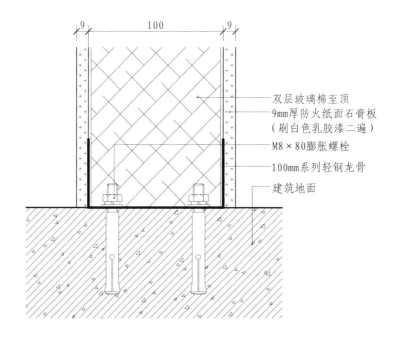

双层玻璃棉至顶
9mm厚防火纸面石膏板
（刷白色乳胶漆二遍）
M8×80膨胀螺栓
100mm系列轻钢龙骨
建筑地面

双层单板防火隔墙详图

双层单板防火隔墙三维示意图

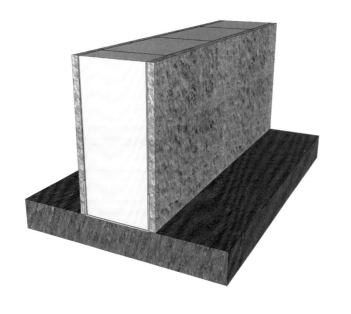

施工要点

1.天地龙骨是在隔墙内部与屋顶连接处和与地面连接处铺设的龙骨，当中会有竖向龙骨做支撑，还有穿心龙骨从竖向龙骨中间穿插进去，起到加固作用。

2.玻璃棉内部纤维蓬松交错，存在大量微小的孔隙，是典型的多孔性吸声材料，具有良好的吸声特性。

双层双板防火隔墙

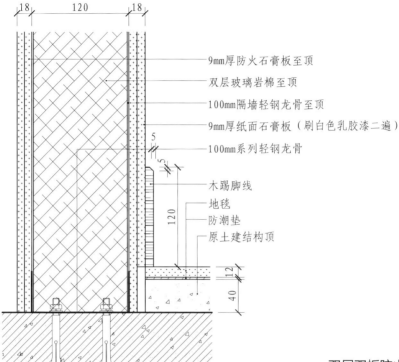

9mm厚防火石膏板至顶
双层玻璃岩棉至顶
100mm隔墙轻钢龙骨至顶
9mm厚纸面石膏板（刷白色乳胶漆二遍）
100mm系列轻钢龙骨
木踢脚线
地毯
防潮垫
原土建结构顶

双层双板防火隔墙详图

双层双板防火隔墙三维示意图

施工要点

1. 由于镀锌方管是在方管上进行了镀锌的处理，所以其防护作用更强，抗腐蚀能力更强。

2. 奥松板具有很高的内部结合强度，每张板的板面均经过高精度的砂光，确保一流的光洁度。

3. 选择防潮垫应参考四个因素：隔绝性、舒适度、使用体积和耐用度。

4. 在安装踢脚线时，应注意踢脚线与地板衔接的最大间隙应小于3mm，可用1元硬币塞一下，如果可塞进2枚以上，则间隙过大。

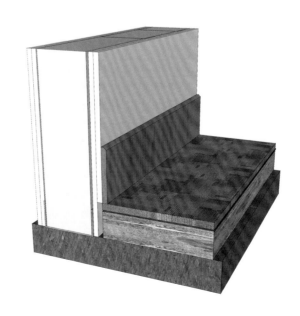

双层单板风道防火隔墙

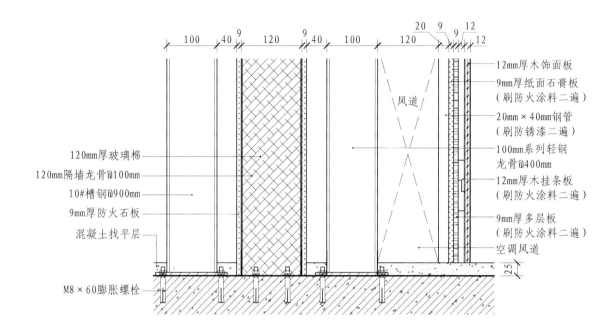

100　40　9　120　9　40　100　120　20　9　9　12　12

风道

120mm厚玻璃棉
120mm隔墙龙骨@100mm
10#槽钢@900mm
9mm厚防火石板
混凝土找平层

M8×60膨胀螺栓

12mm厚木饰面板
9mm厚纸面石膏板
（刷防火涂料二遍）
20mm×40mm钢管
（刷防锈漆二遍）
100mm系列轻钢
龙骨@400mm
12mm厚木挂条板
（刷防火涂料二遍）
9mm厚多层板
（刷防火涂料二遍）
空调风道

25

双层单板风道防火隔墙详图

双层单板风道防火隔墙三维示意图

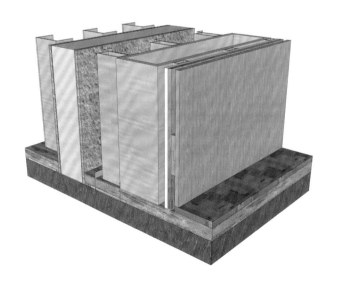

施工要点

1.玻璃岩棉内部纤维蓬松交错，存在大量微小的孔隙，是典型的多孔性吸声材料，具有良好的吸声特性。

2.奥松板具有很高的内部结合强度，每张板的板面均经过高精度的砂光，确保一流的光洁度。

3.找平时使用普通的水泥砂浆，存在较大的缺陷。首先是平整度控制不能做到最大的精度，找平厚度高；其次就是施工工艺容易由于施工方的技术问题而导致房屋地面增高。

玻璃隔墙

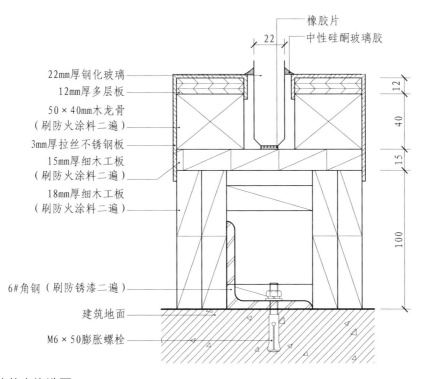

橡胶片
中性硅酮玻璃胶
22
22mm厚钢化玻璃
12mm厚多层板
50×40mm木龙骨
（刷防火涂料二遍）
3mm厚拉丝不锈钢板
15mm厚细木工板
（刷防火涂料二遍）
18mm厚细木工板
（刷防火涂料二遍）
12
40
15
100
6#角钢（刷防锈漆二遍）
建筑地面
M6×50膨胀螺栓

玻璃隔墙节点构造图

玻璃隔墙三维示意图

施工要点

1.细木工板握螺钉力好、强度高，具有质坚、吸声、绝热等特点。细木工板含水率不高，在10%~13%，加工简便，可用于家具、门窗及隔断、假墙、暖气罩、窗帘盒等，用途较为广泛。

2.拉丝不锈钢就是不锈钢表面像丝状的纹理，这只是不锈钢的一种加工工艺。其表面是哑光的，仔细看上去，上面有一丝一丝的纹理，但是摸不出来，比一般亮面的不锈钢耐磨，看起来更上档次一些。

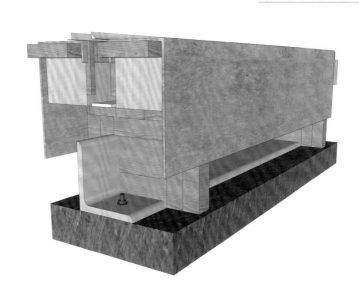

吊挂玻璃隔墙

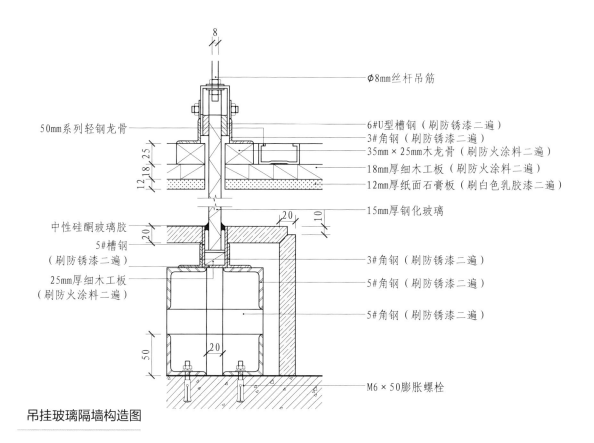

Φ8mm丝杆吊筋

50mm系列轻钢龙骨

6#U型槽钢（刷防锈漆二遍）
3#角钢（刷防锈漆二遍）
35mm×25mm木龙骨（刷防火涂料二遍）
18mm厚细木工板（刷防火涂料二遍）
12mm厚纸面石膏板（刷白色乳胶漆二遍）

15mm厚钢化玻璃

中性硅酮玻璃胶
5#槽钢
（刷防锈漆二遍）

25mm厚细木工板
（刷防火涂料二遍）

3#角钢（刷防锈漆二遍）
5#角钢（刷防锈漆二遍）
5#角钢（刷防锈漆二遍）

M6×50膨胀螺栓

吊挂玻璃隔墙构造图

吊挂玻璃隔墙三维示意图

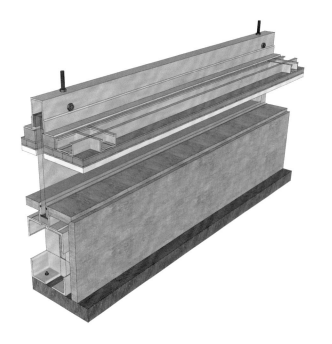

施工要点

1.硅酮玻璃胶是一种类似软膏的胶体，一旦接触空气中的水分就会固化成一种坚韧的橡胶类固体材料。硅酮玻璃胶的黏结力强，拉伸强度大，同时又具有耐候性、抗震性和防潮、防臭、适应冷热变化大的特点。

2.橡胶片有良好的弹性和恢复性，能适应压力变化和温度波动，有适当的柔软性，能与接触面很好地贴合。

钢化玻璃隔墙

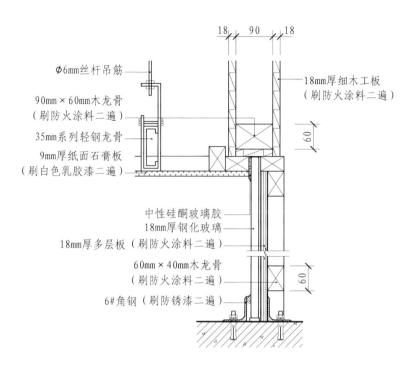

Φ6mm丝杆吊筋

90mm×60mm木龙骨
（刷防火涂料二遍）

35mm系列轻钢龙骨

9mm厚纸面石膏板
（刷白色乳胶漆二遍）

18mm厚细木工板
（刷防火涂料二遍）

中性硅酮玻璃胶
18mm厚钢化玻璃

18mm厚多层板（刷防火涂料二遍）

60mm×40mm木龙骨
（刷防火涂料二遍）

6#角钢（刷防锈漆二遍）

钢化玻璃隔墙构造图

钢化玻璃隔墙三维示意图

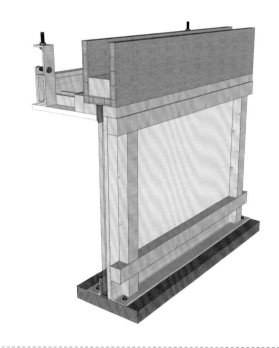

施工要点

1.玻璃胶垫可以轻易吸附在玻璃表面，且易于取下，无任何残留物在玻璃表面；还可以防止接触面的摩擦，避免接触面刮伤。

2.焗油钢化玻璃也叫釉面玻璃，是在玻璃表面涂上一层彩色易熔性色釉，并加热至釉料熔融，使釉层与玻璃牢固结合在一起，经退火或钢化处理而成。

卫生间隔墙

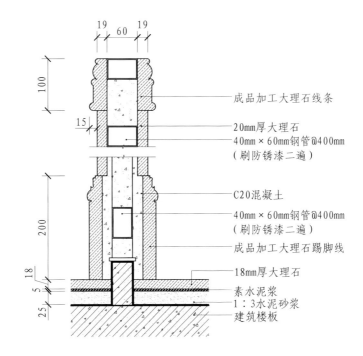

成品加工大理石线条

20mm厚大理石
40mm×60mm钢管@400mm
（刷防锈漆二遍）

C20混凝土
40mm×60mm钢管@400mm
（刷防锈漆二遍）

成品加工大理石踢脚线

18mm厚大理石
素水泥浆
1：3水泥砂浆
建筑楼板

卫生间隔墙做法

卫生间隔墙三维示意图

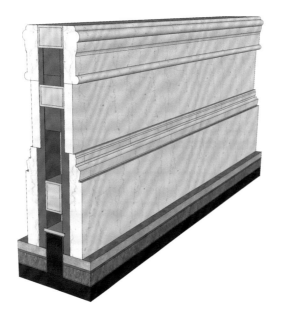

施工要点

1.贴墙纸时一定要注意基层处理，必须清理干净、平整、光滑，对墙面、顶面不平整的部位填补石膏粉，并用砂纸对界面打磨平整。

2.干硬性水泥砂浆是坍落度比较低的水泥砂浆，即拌和时加的水比较少，在1m高度松手自由落在地上就散开成粒，"手握成团，落地开花"，以此状态为准配制砂浆。

4.2 轻质隔墙

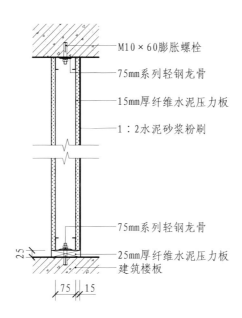

- M10×60膨胀螺栓
- 75mm系列轻钢龙骨
- 15mm厚纤维水泥压力板
- 1：2水泥砂浆粉刷
- 75mm系列轻钢龙骨
- 25mm厚纤维水泥压力板
- 建筑楼板

卫生间轻质隔墙构造图

卫生间轻质隔墙三维示意图

施工要点

1.天地龙骨是在隔墙内部与屋顶连接处和与地面连接处铺设的龙骨，当中会有竖向龙骨做支撑，还有穿心龙骨从竖向龙骨中间穿插进去，起到加固作用。

2.所谓1：2的水泥砂浆，通常是指一份水泥＋两份黄沙。水泥砂浆是由水泥、细骨料和水根据需要配成的砂浆，水泥混合砂浆则是由水泥、细骨料、石灰和水配制而成。

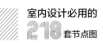

岩棉板轻质隔墙

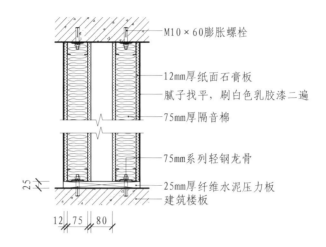

M10×60膨胀螺栓

12mm厚纸面石膏板
腻子找平,刷白色乳胶漆二遍
75mm厚隔音棉

75mm系列轻钢龙骨
25mm厚纤维水泥压力板
建筑楼板

25

12 75 80

岩棉板轻质隔墙构造图

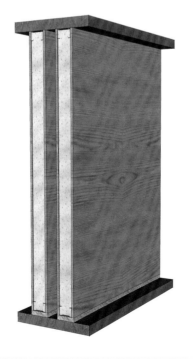

岩棉板轻质隔墙三维示意图

施工要点

1.12厘板是由木段旋切成单板,或由木方刨切成薄木,再用胶黏剂胶合而成的3层或多层的板状材料,通常用奇数层单板,并使相邻层单板的纤维方向互相垂直胶合而成。

2.基层墙体应坚实平整、表面干燥,不得有开裂、空鼓、松动或泛碱,所有岩棉板的穿墙管线与构件出口部位应用相同材料填实后进行防水密封处理。

纸面石膏板轻质隔墙

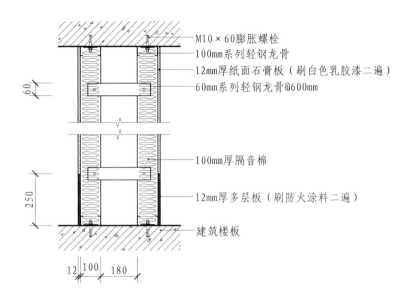

- M10×60膨胀螺栓
- 100mm系列轻钢龙骨
- 12mm厚纸面石膏板（刷白色乳胶漆二遍）
- 60mm系列轻钢龙骨@600mm
- 100mm厚隔音棉
- 12mm厚多层板（刷防火涂料二遍）
- 建筑楼板

60
250
12 100 180

纸面石膏板轻质隔墙构造图

第4章
隔墙幕墙

纸面石膏板轻质隔墙三维示意图

施工要点

1.天地龙骨是在隔墙内部与屋顶连接处和与地面连接处铺设的龙骨，当中会有竖向龙骨做支撑，还有穿心龙骨从竖向龙骨中间穿插进去，起到加固作用。

2.隔音棉是与墙面或天花板存在空气层的穿孔板，即使材料本身隔音性能很差，这种结构也具有隔音性能，如穿孔的石膏板、木板、金属板、甚至是狭缝隔音砖等。

隔音棉轻质隔墙

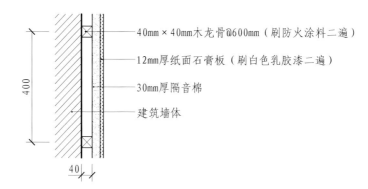

40mm×40mm木龙骨@600mm（刷防火涂料二遍）

12mm厚纸面石膏板（刷白色乳胶漆二遍）

30mm厚隔音棉

建筑墙体

400

40

隔音棉轻质隔墙构造图

隔音棉轻质隔墙三维示意图

施工要点

1.隔音棉与墙面或天花存在空气层的穿孔板，即使材料本身隔音性能很差，这种结构也具有隔音性能，如穿孔的石膏板、木板、金属板、甚至是狭缝隔音砖等。

2.在房间干燥条件不是很好时使用双层石膏板，是考虑增强墙面的抗裂性和防潮性。

埃特板轻质隔墙

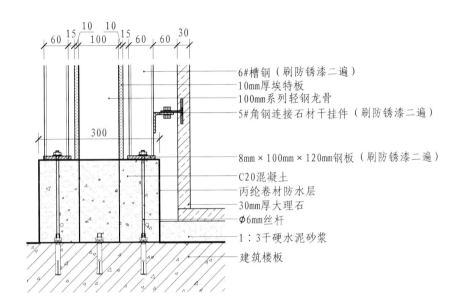

埃特板轻质隔墙构造图

标注：
- 6#槽钢（刷防锈漆二遍）
- 10mm厚埃特板
- 100mm系列轻钢龙骨
- 5#角钢连接石材干挂件（刷防锈漆二遍）
- 8mm×100mm×120mm钢板（刷防锈漆二遍）
- C20混凝土
- 丙纶卷材防水层
- 30mm厚大理石
- Φ6mm丝杆
- 1：3干硬水泥砂浆
- 建筑楼板

埃特板轻质隔墙三维示意图

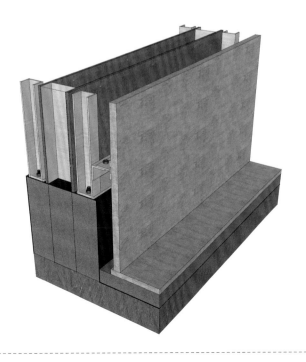

施工要点

1.埃特板具有很多优越的性能，例如强度高、耐久性好等，密度和厚度也有很多种，具有防火、防潮、防水、隔音效果好、环保、安装快捷、使用寿命长等优点。

2.做防水施工时，基层要保证洁净，否则易在施工时因穿刺而失去防水作用；含水率不大于9%，否则会形成基面与防水层分离的"两张皮"现象。

4.3 幕墙

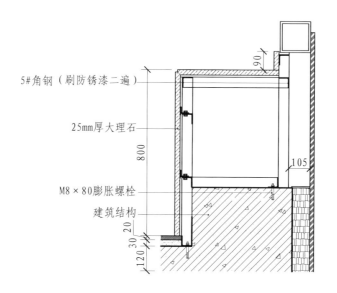

5#角钢（刷防锈漆二遍）

25mm厚大理石

M8×80膨胀螺栓

建筑结构

厨房幕墙窗台面钢架剖面详图

厨房幕墙窗台面钢架三维示意图

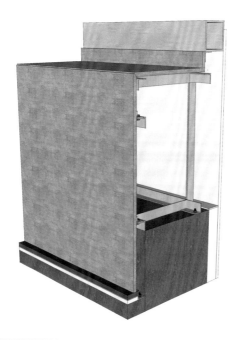

施工要点

1.热镀锌角钢具有表面光泽、锌层均匀、无漏镀、无滴溜、附着力强、抗腐蚀能力强的特性，热浸镀锌防锈的费用要比其他漆料涂层的费用低。

2.明框玻璃幕墙是金属框架构件显露在外表面的玻璃幕墙。它以特殊断面的铝合金型材为框架，玻璃面板全嵌入型材的凹槽内。其特点在于铝合金型材本身兼有骨架结构和固定玻璃的双重作用。

墙面石材与幕墙收口

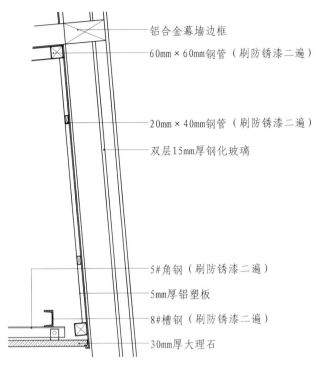

铝合金幕墙边框
60mm×60mm钢管（刷防锈漆二遍）
20mm×40mm钢管（刷防锈漆二遍）
双层15mm厚钢化玻璃
5#角钢（刷防锈漆二遍）
5mm厚铝塑板
8#槽钢（刷防锈漆二遍）
30mm厚大理石

第4章
隔墙幕墙

墙面石材与幕墙收口构造图

墙面石材与幕墙收口三维示意图

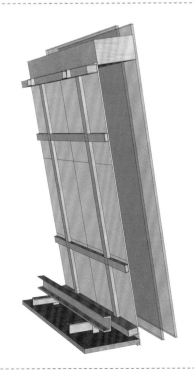

施工要点

1.明框玻璃幕墙是金属框架构件显露在外表面的玻璃幕墙。它以特殊断面的铝合金型材为框架，玻璃面板全嵌入型材的凹槽内。其特点在于铝合金型材本身兼有骨架结构和固定玻璃的双重作用。

2.热镀锌方钢是在使用钢板或者是钢带卷曲成型后焊接制成方管，并在这种方管的基础上将方管置于热镀锌池中经过一系列化学反应后又形成的一种方管。

幕墙断面

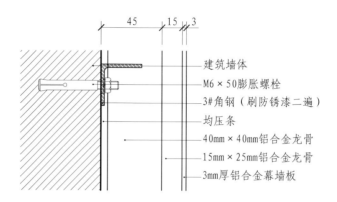

建筑墙体
M6×50膨胀螺栓
3#角钢（刷防锈漆二遍）
均压条
40mm×40mm铝合金龙骨
15mm×25mm铝合金龙骨
3mm厚铝合金幕墙板

幕墙断面构造图

幕墙断面三维示意图

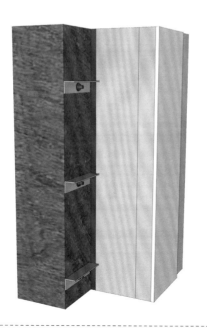

施工要点

1.预埋件是在结构中留设钢板和锚固筋的构件，用来连接结构构件或固定非结构构件。

2.均压环是改善绝缘子串电压分布的环状金具。它的主要作用是均压，适用的电压形式为交流，可将高压均匀分布在物体周围，保证在环形各部位之间没有电位差，从而达到均压的效果。

第 5 章

墙面不同材质相接

扫码获取电子资源

5.1 石材

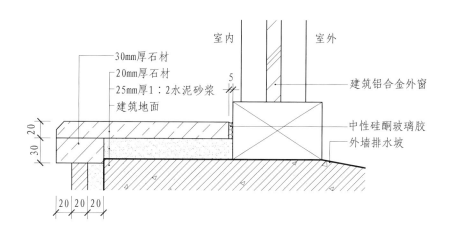

- 30mm厚石材
- 20mm厚石材
- 25mm厚1：2水泥砂浆
- 建筑地面

室内　室外

- 建筑铝合金外窗
- 中性硅酮玻璃胶
- 外墙排水坡

石材与墙砖相接（一）构造图

石材与墙砖相接（一）三维示意图

施工要点

1.铺抹面层前先将基层浇水湿润，第二天先刷一道水泥砂浆结合层，随即进行面层铺抹。如果过早涂刷水泥砂浆结合层，则起不到使基层和面层两者黏结的作用，反而造成墙面空鼓，所以一定要做到随刷随黏。

2.选砖要求边缘整齐，棱角无损坏、无裂缝，表面无隐伤、缺釉和凹凸不平现象。在铺贴前应充分浸水润湿，防止干砖铺贴上墙后，吸收砂浆中的水分，致使砂浆中的水泥不能完全水化，造成黏结不牢或面砖浮滑的现象。

石材与墙砖相接（二）

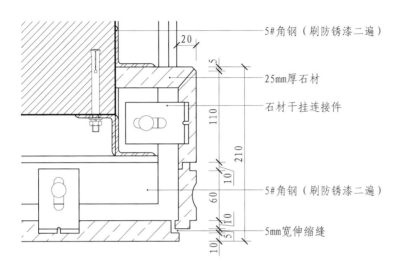

5#角钢（刷防锈漆二遍）

20

25mm厚石材

石材干挂连接件

110

210

5#角钢（刷防锈漆二遍）

10

60

5mm宽伸缩缝

10

石材与墙砖相接（二）构造图

石材与墙砖相接（二）三维示意图

施工要点

1.墙体表面应平整、洁净，无污染、缺损和裂痕。颜色和花纹应协调一致，无明显色差及修痕。墙面的压条应平直、洁净，接口严密、安装牢固。

2.玻化砖干挂施工前必须按设计标高在墙体上标出1000mm水平控制线和每层玻化砖标高线，并在墙上做控制桩，拉线控制墙体水平位置，使墙面规矩和方正。

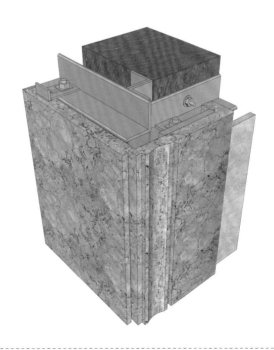

石材与木饰面（平接）（一）

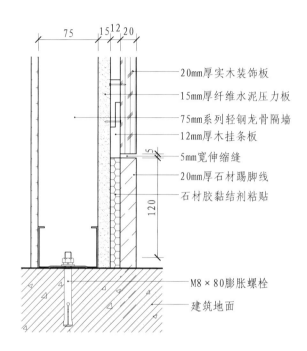

75 15 12 20	

20mm厚实木装饰板
15mm厚纤维水泥压力板
75mm系列轻钢龙骨隔墙
12mm厚木挂条板
5mm宽伸缩缝
20mm厚石材踢脚线
石材胶黏结剂粘贴

M8×80膨胀螺栓
建筑地面

石材与木饰面（平接）（一）构造图

石材与木饰面（平接）（一）三维示意图

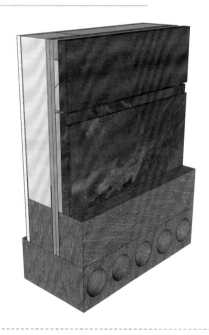

施工要点

1.优质的专用石材胶黏结力强，有良好的抗渗透与抗老化性能，施工时无需漫砖湿墙，方便快捷。

2.木饰面留工艺缝不仅是起到美观的作用，还避免木饰面过长、过宽或过高带来的一系列问题，如起拱、开裂、错位等，这些都是木制品容易发生的变形，单位体越大，变形量就越大，所以在木饰面生产中会将大面积刻意分割成较小的单位体，这些单位体之间的连接靠留缝隙过渡。

石材与木饰面（平接）（二）

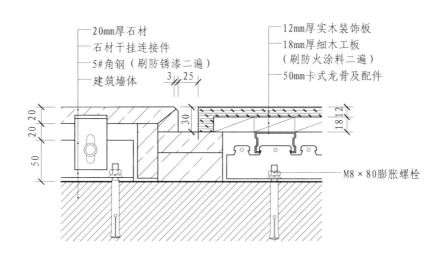

20mm厚石材
石材干挂连接件
5#角钢（刷防锈漆二遍）
建筑墙体

12mm厚实木装饰板
18mm厚细木工板
（刷防火涂料二遍）
50mm卡式龙骨及配件

M8×80膨胀螺栓

石材与木饰面（平接）（二）构造图

石材与木饰面（平接）（二）三维示意图

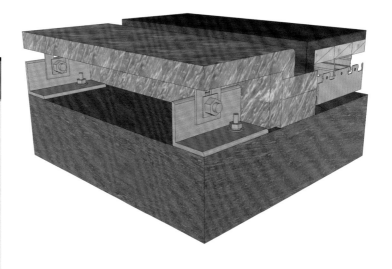

施工要点

1.优质的卡式龙骨具有重量轻、强度高、防水、防震、防尘、隔音、吸声、恒温等功效，同时还具有工期短、施工简便等优点。

2.在选购细木工板时，注意质量上乘的细木工板表面应当光滑平整，无缺陷，从侧面看板芯厚度应均匀，无重叠、离芯现象。

石材与木饰面（阴角对接）（一）

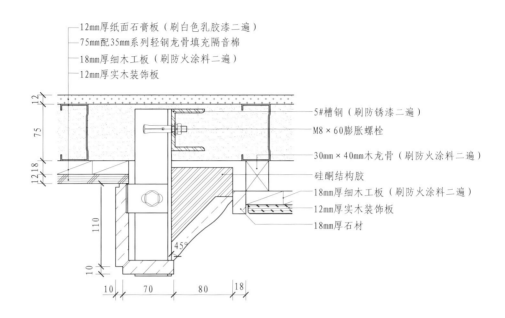

- 12mm厚纸面石膏板（刷白色乳胶漆二遍）
- 75mm配35mm系列轻钢龙骨填充隔音棉
- 18mm厚细木工板（刷防火涂料二遍）
- 12mm厚实木装饰板

- 5#槽钢（刷防锈漆二遍）
- M8×60膨胀螺栓
- 30mm×40mm木龙骨（刷防火涂料二遍）
- 硅酮结构胶
- 18mm厚细木工板（刷防火涂料二遍）
- 12mm厚实木装饰板
- 18mm厚石材

石材与木饰面（阴角对接）（一）构造图

石材与木饰面（阴角对接）（一）三维示意图

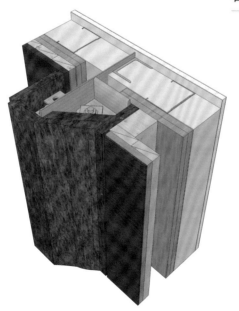

施工要点

1.石材套框线条施工包括弹线分格、墙与门套方、表面平整度处理和基层防潮等工作，其中基层防潮处理采用满刷一遍防水涂料的方法，而表面平整度则统一采用调整龙骨断面尺寸的方法进行处理。

2.选购材料时，优质的隔音棉应该是颜色一致的，不能有白黄不一的现象。侧面胶块应当分布均匀，如果没有胶块则属于不合格产品。

石材与木饰面（阴角对接）（二）

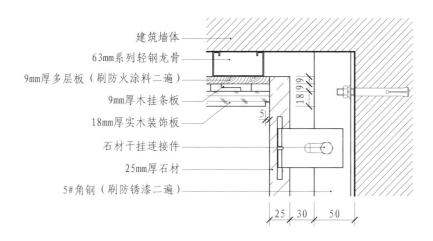

建筑墙体

63mm系列轻钢龙骨

9mm厚多层板（刷防火涂料二遍）

9mm厚木挂条板

18mm厚实木装饰板

石材干挂连接件

25mm厚石材

5#角钢（刷防锈漆二遍）

18/9/9

5

25 30 50

石材与木饰面（阴角对接）（二）构造图

石材与木饰面（阴角对接）（二）三维示意图

施工要点

1.选购防火夹板时，注意观察板芯质地是否均匀，表面是否平整，劣质板材的板芯孔隙较大且不均衡。

2.木饰面板施工时，应尽量避免顶头密拼连接，饰面板应在背面刷三遍防火漆，同时下料前必须用油漆封底，避免开裂、便于清洁，施工时避免表面摩擦、局面受力，严禁锤击。

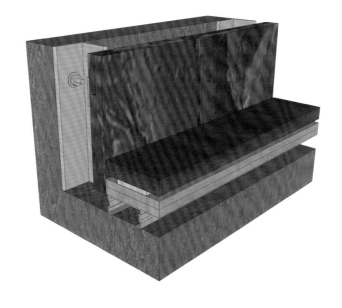

石材与木饰面（阳角对接）

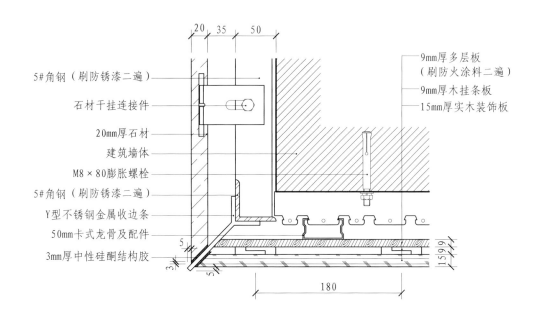

5#角钢（刷防锈漆二遍）
石材干挂连接件
20mm厚石材
建筑墙体
M8×80膨胀螺栓
5#角钢（刷防锈漆二遍）
Y型不锈钢金属收边条
50mm卡式龙骨及配件
3mm厚中性硅酮结构胶

9mm厚多层板
（刷防火涂料二遍）
9mm厚木挂条板
15mm厚实木装饰板

石材与木饰面（阳角对接）构造图

石材与木饰面（阳角对接）三维示意图

施工要点

1.在金属收边处理施工前，应准备好金属线条，并对线条进行挑选。金属装饰线条表面应无划痕和碰印，尺寸应准确。

2.在选择卡式龙骨时应注意，外观要平整、棱角清晰，切口处没有影响使用的毛刺和变形。优质的卡式龙骨有光泽、无裂痕，更不会有暗沉的颜色，选购时一定要注意辨别。

石材与木饰面（切口对接）

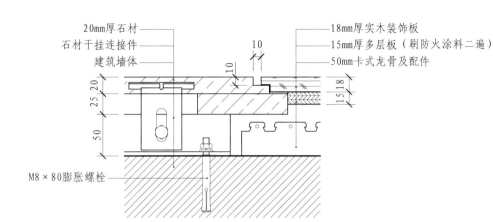

20mm厚石材
石材干挂连接件
建筑墙体

18mm厚实木装饰板
15mm厚多层板（刷防火涂料二遍）
50mm卡式龙骨及配件

M8×80膨胀螺栓

石材与木饰面（切口对接）构造图

石材与木饰面（切口对接）三维示意图

施工要点

1.在选购成品木饰面板时，应注意产品的美感，要色泽清晰、材质细致、纹路美观，能够感受到其良好的装饰性。

2.挂置石材时，应在上层石材底面的切槽内涂石材结构胶。注胶要均匀，胶缝应平整饱满，亦可稍凹于板面，并按石材的出厂颜色调制色浆嵌缝，边嵌边擦干净，以使缝隙密实均匀、干净、颜色一致。

室内设计必用的 218套节点图

石材与软包相接（一）

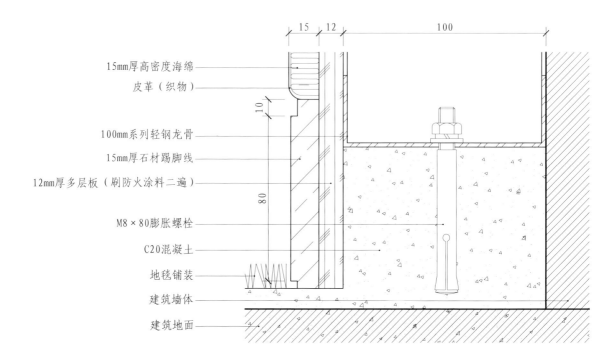

15mm厚高密度海绵
皮革（织物）
100mm系列轻钢龙骨
15mm厚石材踢脚线
12mm厚多层板（刷防火涂料二遍）
M8×80膨胀螺栓
C20混凝土
地毯铺装
建筑墙体
建筑地面

石材与软包相接（一）构造图

石材与软包相接（一）三维示意图

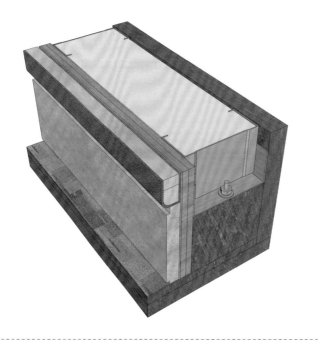

施工要点

1.软硬包墙面所用填充材料包括纺织面料、木龙骨、木基层板等，均应进行防火、防潮处理。木龙骨采用开口方工艺预制，可整体或分片安装，与紧密墙体连接。

2.软包底板所用材料应符合要求，一般使用防火夹板，防火夹板应使用平整干燥，无脱胶开裂、缝状裂痕、腐朽、空鼓的板材。

108

石材与软包相接（二）

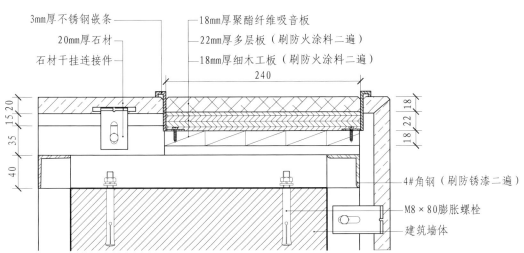

3mm厚不锈钢嵌条
20mm厚石材
石材干挂连接件

18mm厚聚酯纤维吸音板
22mm厚多层板（刷防火涂料二遍）
18mm厚细木工板（刷防火涂料二遍）
240

15 20
35
40

18 22 18

4#角钢（刷防锈漆二遍）
M8×80膨胀螺栓
建筑墙体

石材与软包相接（二）构造图

石材与软包相接（二）三维示意图

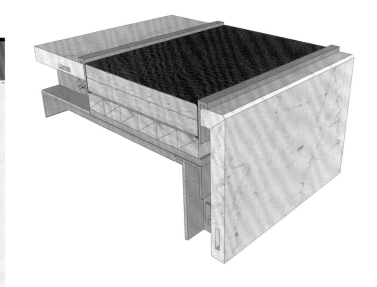

施工要点

1.不锈钢嵌缝条的安装是在规定的位置配置，高度比磨平施工面高出2～3mm，锚脚用硬练砂浆固定，采用黏结力强且有韧性的嵌缝胶固定更佳。

2.皮革饰面施工时应该注意墙面要求平整、光滑、色泽一致、干燥并完全干透才能黏墙革。墙面要刷一层界面剂，使用环保胶，室内施工温度应在15～28℃。

石材与硬包相接

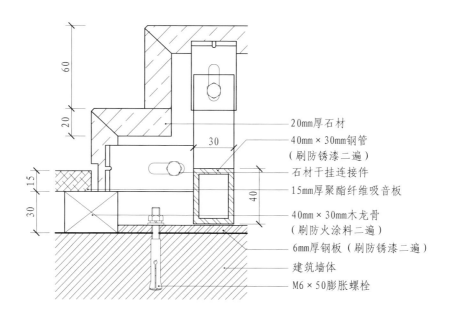

20mm厚石材
40mm×30mm钢管
（刷防锈漆二遍）
石材干挂连接件
15mm厚聚酯纤维吸音板
40mm×30mm木龙骨
（刷防火涂料二遍）
6mm厚钢板（刷防锈漆二遍）
建筑墙体
M6×50膨胀螺栓

石材与硬包相接构造图

石材与硬包相接三维示意图

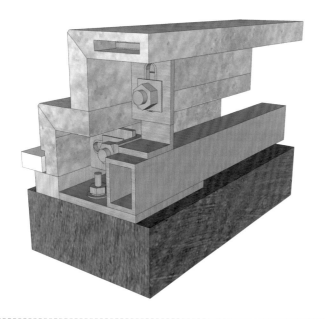

施工要点

1.将穿心龙骨插入竖向龙骨穿心孔内，利用竖龙骨上的支托与穿心龙骨腹板进行冲压连接，有效解决了原有工艺中采用专用卡件卡接时穿心龙骨可以左右移动的问题。

2.墙面硬包在结构墙上预埋木砖，抹水泥砂浆找平。如果直接铺贴石材，则应先将底板拼缝用油腻子抹1～2遍，待腻子干燥后，用砂纸磨平，粘贴前基层表面刷清油一道。

石材与石材相接（一）

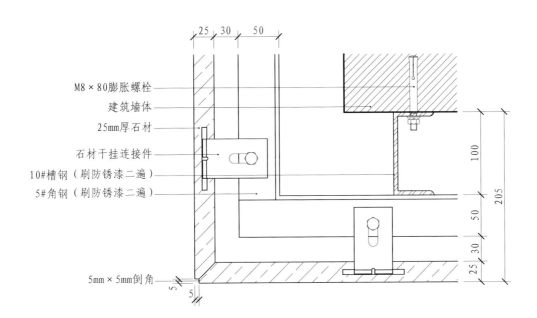

M8×80膨胀螺栓

建筑墙体

25mm厚石材

石材干挂连接件

10#槽钢（刷防锈漆二遍）

5#角钢（刷防锈漆二遍）

5mm×5mm倒角

25　30　50

100

205

50

30

25

5

5

石材与石材相接（一）构造图

石材与石材相接（一）三维示意图

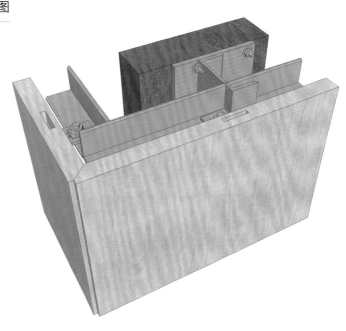

施工要点

1.墙面石材干挂连接件多为镀锌产品，容易生锈，最好选择不锈钢产品。

2.石材干挂完成清扫拼接缝后，即可嵌入聚氨酯胶或填缝剂，仔细微调石材之间的缝隙与表面的平整度。

3.倒角是粘贴石材角度交接背面（及内侧面）的切角，定额是不计算的，它包含在工作内容内。

石材与石材相接（二）

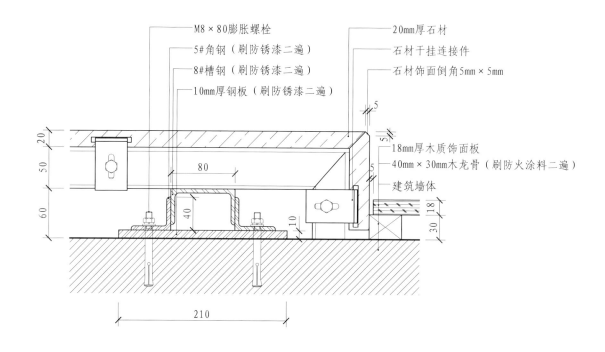

M8×80膨胀螺栓
5#角钢（刷防锈漆二遍）
8#槽钢（刷防锈漆二遍）
10mm厚钢板（刷防锈漆二遍）

20mm厚石材
石材干挂连接件
石材饰面倒角5mm×5mm

18mm厚木质饰面板
40mm×30mm木龙骨（刷防火涂料二遍）
建筑墙体

石材与石材相接（二）构造图

石材与石材相接（二）三维示意图

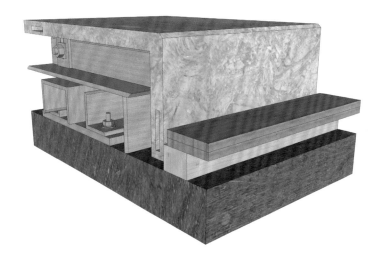

施工要点

1.石材干挂时一定要仔细检查石材的编号，尺寸必须准确，石材四周不应有较大崩边及掉角。

2.原墙体要做敲渣防锈处理，石材净厚度不得小于6mm，石材开槽口后，在槽内注满石材胶黏剂，安放就位后调不锈钢干挂件固定螺栓，石材安装由下向上逐层施工。

石材与石材相接（三）

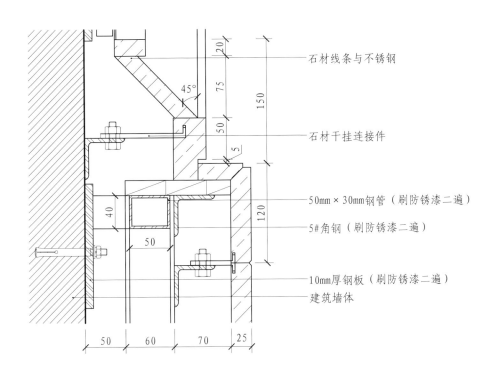

石材线条与不锈钢

石材干挂连接件

50mm×30mm钢管（刷防锈漆二遍）

5#角钢（刷防锈漆二遍）

10mm厚钢板（刷防锈漆二遍）

建筑墙体

第5章
墙面不同
材质相接

石材与石材相接（三）构造图

石材与石材相接（三）三维示意图

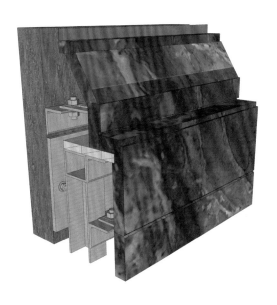

施工要点

1.一般石材线条产品的花纹凹凸有致且制作精细，在安装完毕后，经表面简单处理，依然能保持立体感，体现装饰效果。

2.大理石线条有石材的分量，不宜直接贴在水泥墙上，如果墙面已经粉刷，则需要将墙上的腻子粉或者墙面漆刮掉，最好就是在墙上加一层基板，直接贴在基板上。

石材与不锈钢相接（一）

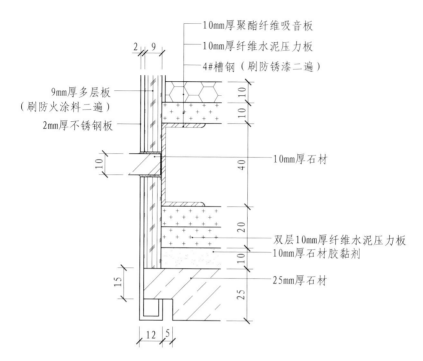

10mm厚聚酯纤维吸音板
10mm厚纤维水泥压力板
4#槽钢（刷防锈漆二遍）

9mm厚多层板
（刷防火涂料二遍）
2mm厚不锈钢板

10mm厚石材

双层10mm厚纤维水泥压力板
10mm厚石材胶黏剂
25mm厚石材

2 9
10
10
40
20
10
25
10
15
12 5

石材与不锈钢相接（一）构造图

石材与不锈钢相接（一）三维示意图

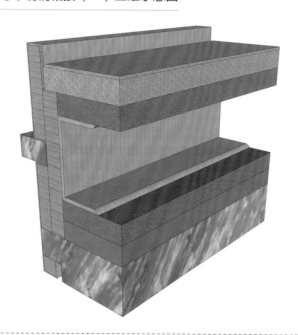

施工要点

1.水泥压力板在施工时，要清理预做干挂水泥压力板饰面的基层表面，同时进行吊直、套方、找规矩等，弹出垂直线和水平线，并根据设计图纸和实际需要弹出安装水泥压力板龙骨的位置线和分块线，最后将墙体表面尘土、污垢清扫干净。

2.用黏结剂施工时，要将石材背面朝上水平放置于地面，石材上无灰尘等杂物，将普通水泥搅拌成水泥净浆，按照传统方式粘贴，即刷即贴的施工方式便利，松脱的基面及凸出之物都要先铲除，涂刷前要确保石材背面和墙面结实平整。

石材与不锈钢相接（二）

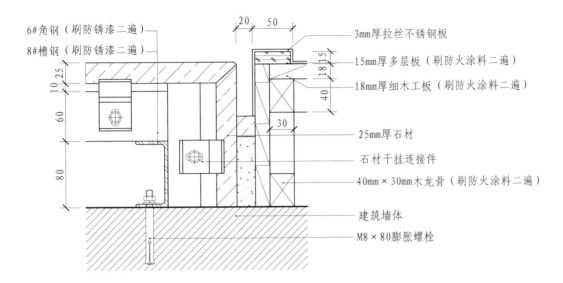

6#角钢（刷防锈漆二遍）
8#槽钢（刷防锈漆二遍）

3mm厚拉丝不锈钢板
15mm厚多层板（刷防火涂料二遍）
18mm厚细木工板（刷防火涂料二遍）
25mm厚石材
石材干挂连接件
40mm×30mm木龙骨（刷防火涂料二遍）
建筑墙体
M8×80膨胀螺栓

第5章
墙面不同
材质相接

石材与不锈钢相接（二）构造图

石材与不锈钢相接（二）三维示意图

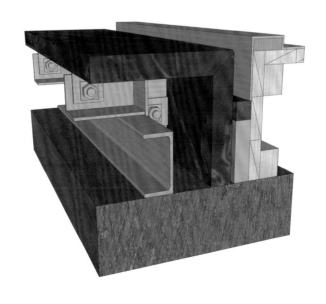

施工要点

1.拉丝不锈钢饰面要坚持抓牢基层，不得有任何空鼓、疏松、不牢和不实之处。一切接头应为齐平的细缝隙接头，中部件和各部位的接头强度应足以防止变形及内偏移，尽可能以隐蔽式的固定装置配嵌及安装。

2.石材饰面施工时严格按配合比计量，掌握适宜的砂浆稠度，分次灌浆，防止石板外移或板面错动，以致出现接缝不平、高差过大的现象。

石材与玻璃相接（一）

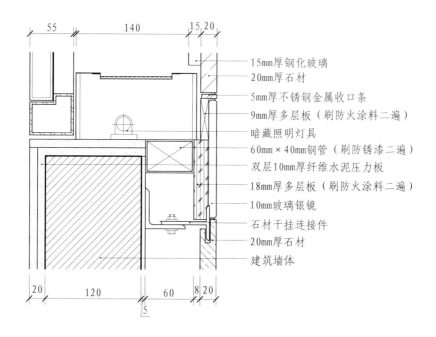

15mm厚钢化玻璃
20mm厚石材
5mm厚不锈钢金属收口条
9mm厚多层板（刷防火涂料二遍）
暗藏照明灯具
60mm×40mm钢管（刷防锈漆二遍）
双层10mm厚纤维水泥压力板
18mm厚多层板（刷防火涂料二遍）
10mm玻璃银镜
石材干挂连接件
20mm厚石材
建筑墙体

石材与玻璃相接（一）构造图

石材与玻璃相接（一）三维示意图

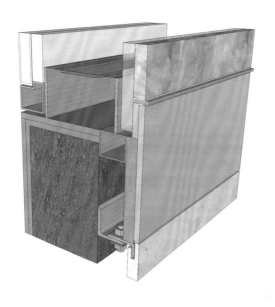

施工要点

1.收口施工前，应准备好金属线条，并对线条进行挑选。金属装饰线条表面应无划痕和碰印，尺寸应准确。

2.在砌筑墙体或柱子时，要预埋木砖，其横向与镜宽相等，竖向与镜高相等，大面积的镜面还需在横竖向每隔500mm预埋木砖。

石材与玻璃相接（二）

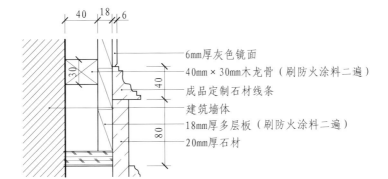

- 6mm厚灰色镜面
- 40mm×30mm木龙骨（刷防火涂料二遍）
- 成品定制石材线条
- 建筑墙体
- 18mm厚多层板（刷防火涂料二遍）
- 20mm厚石材

石材与玻璃相接（二）构造图

石材与玻璃相接（二）三维示意图

施工要点

1.石材大理石线条有石材的分量，可直接粘贴在水泥基层表面。如果墙面已经粉刷，则需要将墙面上的腻子粉或者墙面漆刮掉，也可以在已刮粉的墙面加一层木板基层。

2.选购防火夹板时，首先要看整块板面的颜色、肌理是否一致，有无色差及瑕疵，用手摸有没有凹凸不平、起泡的现象，优质的防火夹板应该是图案清晰透彻、无色差、表面平整光滑、耐磨的产品。

室内设计必用的

218套节点图

石材与乳胶漆相接

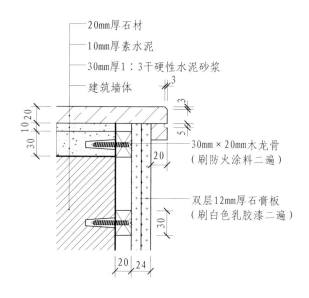

20mm厚石材
10mm厚素水泥
30mm厚1：3干硬性水泥砂浆
建筑墙体

30mm×20mm木龙骨
（刷防火涂料二遍）

双层12mm厚石膏板
（刷白色乳胶漆二遍）

石材与乳胶漆相接构造图

石材与乳胶漆相接三维示意图

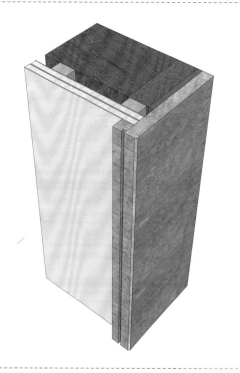

施工要点

1.在干硬性水泥砂浆结合层施工前，应先将墙面松散部分清理干净，基层表面应坚固平整，不得有起砂等现象。

2.砂浆抹面的时候，用一点素水泥浆起到光滑表面的作用。铺设饰面砖的时候，素水泥浆加胶起到加强黏结的作用。

石材与墙纸相接

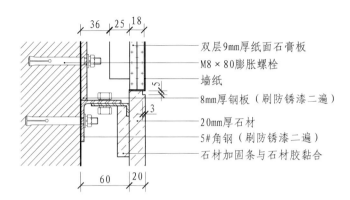

双层9mm厚纸面石膏板
M8×80膨胀螺栓
墙纸
8mm厚钢板（刷防锈漆二遍）
20mm厚石材
5#角钢（刷防锈漆二遍）
石材加固条与石材胶黏合

石材与墙纸相接构造图

石材与墙纸相接三维示意图

施工要点

1.优质的卡式龙骨不仅有光泽、无裂痕，也不会有暗沉的颜色。作为重要的辅材，主龙骨、吊顶等材料最好都要采用优质的材料。

2.在两侧石膏板上安装面板时，面板应竖向铺设，龙骨两侧的石膏板应错缝排列。固定面板时，应从板的中部向板的四边固定。

墙砖与木饰面相接

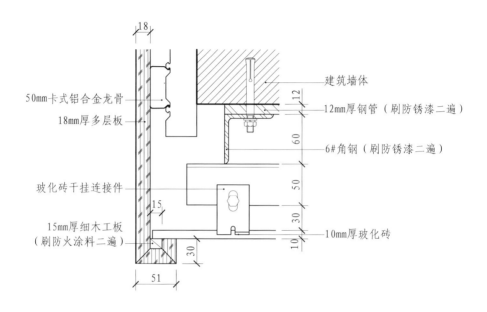

50mm卡式铝合金龙骨

18mm厚多层板

玻化砖干挂连接件

15mm厚细木工板
（刷防火涂料二遍）

建筑墙体

12mm厚钢管（刷防锈漆二遍）

6#角钢（刷防锈漆二遍）

10mm厚玻化砖

墙砖与木饰面相接构造图

墙砖与木饰面相接三维示意图

施工要点

1.以优质卡式龙骨标准的卡扣方式施工，可长久保持龙骨的平整，不易发生小件生锈、龙骨变形等引起吊顶起波浪的现象。

2.安装玻化砖时，应从底层开始，吊垂直线依次向上安装。对玻化砖的材质、颜色、纹路和加工尺寸应进行检查。玻化砖安装采用密缝的拼接方式。

墙砖与墙纸相接

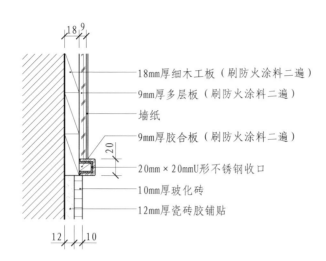

18mm厚细木工板（刷防火涂料二遍）
9mm厚多层板（刷防火涂料二遍）
墙纸
9mm厚胶合板（刷防火涂料二遍）
20mm×20mmU形不锈钢收口
10mm厚玻化砖
12mm厚瓷砖胶铺贴

墙砖与墙纸相接构造图

墙砖与墙纸相接三维示意图

施工要点

1.裱贴墙纸要求基层具有一定的强度和较好的表面平整度，尤其是新建筑，更要处理好防潮基层。

2.粘贴玻化砖时，黏结面应刮涂一层高分子胶泥作为界面层，不要求有厚度，但不能留空白。

墙砖与乳胶漆相接

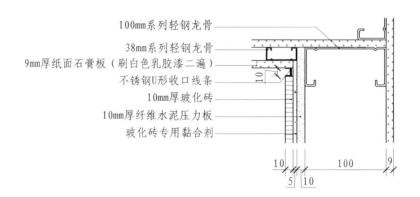

100mm系列轻钢龙骨

38mm系列轻钢龙骨

9mm厚纸面石膏板（刷白色乳胶漆二遍）

不锈钢U形收口线条

10mm厚玻化砖

10mm厚纤维水泥压力板

玻化砖专用黏合剂

10 5 10 100 9

墙砖与乳胶漆相接构造图

墙砖与乳胶漆相接三维示意图

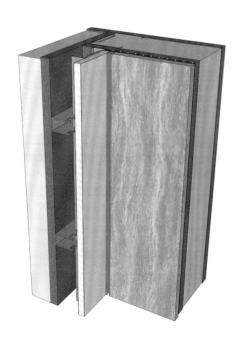

施工要点

1.铺贴的时候建议不要一面墙一面墙地铺贴，可以将整个空间一层一层地铺贴，主要是为了避免水泥砂浆凝固时间短，使瓷砖下坠，一圈一圈地往上铺的话，其凝固的时间也会更加充分，瓷砖更加容易固定。

2.施工前应将钢丝网按预定尺寸裁好，并用保温伞钉间隔500mm以错位梅花形固定到墙上，然后在上面抹6~8mm厚的抗裂砂浆，用抹子将钢丝网压入砂浆中，搭接处应充分压出抗裂砂浆，严禁干搭接。

墙砖与不锈钢相接（一）

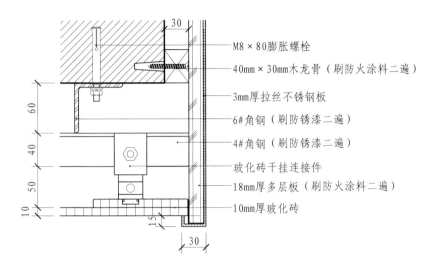

M8×80膨胀螺栓

40mm×30mm木龙骨（刷防火涂料二遍）

3mm厚拉丝不锈钢板

6#角钢（刷防锈漆二遍）

4#角钢（刷防锈漆二遍）

玻化砖干挂连接件

18mm厚多层板（刷防火涂料二遍）

10mm厚玻化砖

墙砖与不锈钢相接（一）构造图

墙砖与不锈钢相接（一）三维示意图

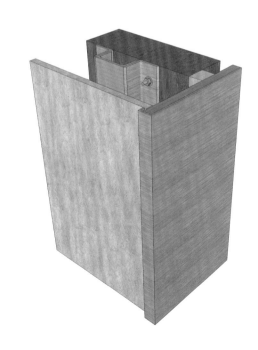

施工要点

1.阻燃板基本上都具有耐磨、耐热、耐污、防潮的特性，但若长期处于潮湿的环境中，其边缘仍会出现脱胶掀开的现象，像卫浴空间等潮气较重的区域，最好选择防潮效果加倍的阻燃板。

2.不锈钢板在选购时要考虑板材受压时的强度要求，如果不锈钢板的厚度不够，容易弯曲，会影响装饰的效果。

墙砖与不锈钢相接（二）

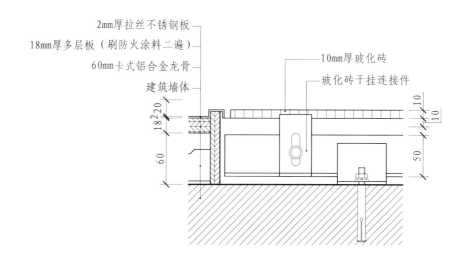

2mm厚拉丝不锈钢板
18mm厚多层板（刷防火涂料二遍）
60mm卡式铝合金龙骨
建筑墙体
10mm厚玻化砖
玻化砖干挂连接件

墙砖与不锈钢相接（二）构造图

墙砖与不锈钢相接（二）三维示意图

施工要点

1.施工较好的石材干挂比较坚固，能够抵抗一定的冲击力，能够有效避免传统的湿贴工艺出现的板材空鼓、开裂等问题，提高了建筑物整体的耐久性以及安全性。

2.不锈钢的表面必须保持光洁、平整。折边、切割加工必须准确、光滑、平整、美观。焊接点应细腻、平滑，经打磨后抛光处理。拉丝板饰面焊点接缝处采用与拉丝面相同数目的砂纸用手抛丝形式补丝。

5.2 木饰面

木饰面与玻璃（阴角对接）

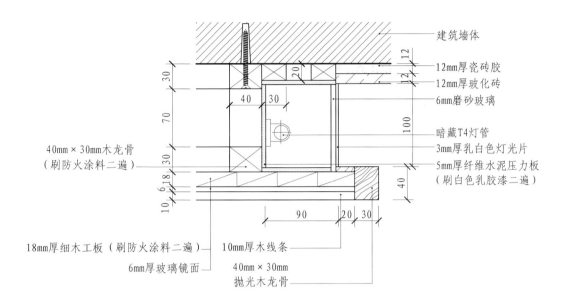

- 建筑墙体
- 12mm厚瓷砖胶
- 12mm厚玻化砖
- 6mm磨砂玻璃
- 暗藏T4灯管
- 3mm厚乳白色灯光片
- 5mm厚纤维水泥压力板（刷白色乳胶漆二遍）

40mm×30mm木龙骨（刷防火涂料二遍）

18mm厚细木工板（刷防火涂料二遍）
6mm厚玻璃镜面
10mm厚木线条
40mm×30mm抛光木龙骨

木饰面与玻璃（阴角对接）构造图

木饰面与玻璃（阴角对接）三维示意图

施工要点

1.在选购细木工板时，用双手将细木工板一侧抬起，上下抖动，倾听是否有木料拉伸断裂的声音，有则说明内部缝隙较大，空洞较多，优质的细木工板应有一种整体感、厚重感。

2.安装纤维水泥板时，每边安3个自攻钉，各板间的水平、竖直缝要对齐，表面要平整，与导墙平齐。

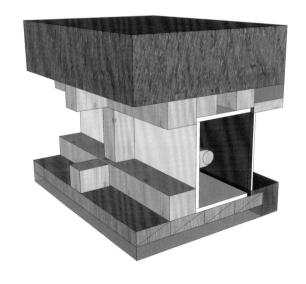

木饰面与玻璃（平接）（一）

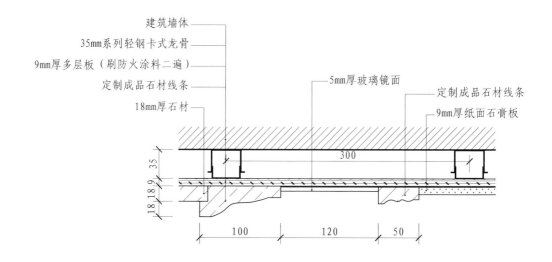

建筑墙体
35mm系列轻钢卡式龙骨
9mm厚多层板（刷防火涂料二遍）
定制成品石材线条
18mm厚石材
5mm厚玻璃镜面
定制成品石材线条
9mm厚纸面石膏板

35
18 18 9
300
100
120
50

木饰面与玻璃（平接）（一）构造图

木饰面与玻璃（平接）（一）三维示意图

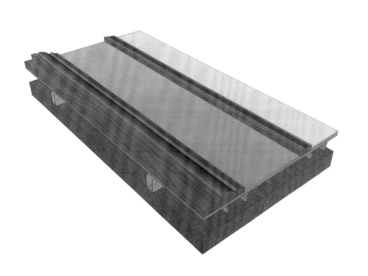

施工要点

1.将防火板黏附到基板上去时，首先贴面积较小的垂直面。施工时，基板的边和封边条的背面都必须涂胶，涂胶可以采用喷涂和刷涂的方法。

2.一般情况下，门套线是带扣位的，需要扣进门侧板，柜线有平板线和卡口线两种，一种直接压，一种是扣在玻璃或木饰面上，其他的造型线也一样。安装时一般用木工用发泡胶，有的门套线开有胶槽，这就是方便安装设计的。

木饰面与玻璃（平接）（二）

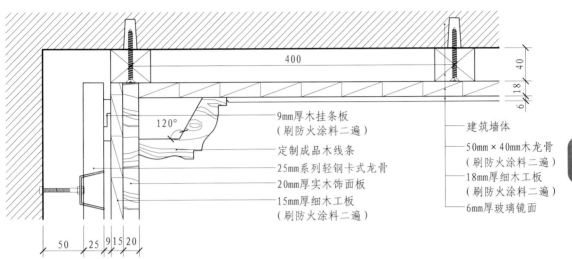

木饰面与玻璃（平接）（二）构造图

木饰面与玻璃（平接）（二）三维示意图

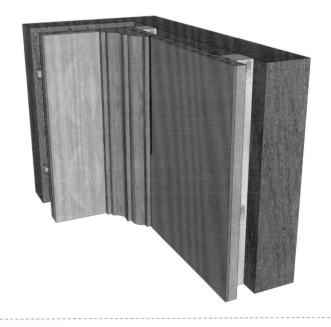

施工要点

1.在木线条固定条件允许时，应尽量采用胶固定。如需钉接，最好用射钉枪，贺钉钉接时不允许露出钉头，钉的部位应在木线的凹槽位或背视线的一侧。

2.木线条在拼接的时候是将木线条在对口处开成30°或45°角，截面加胶后拼口，拼口要求顺滑，不得错位。

木饰面与不锈钢（平接）（一）

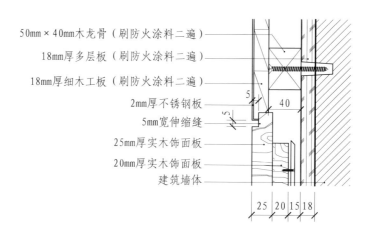

50mm×40mm木龙骨（刷防火涂料二遍）
18mm厚多层板（刷防火涂料二遍）
18mm厚细木工板（刷防火涂料二遍）
2mm厚不锈钢板
5mm宽伸缩缝
25mm厚实木饰面板
20mm厚实木饰面板
建筑墙体

木饰面与不锈钢（平接）（一）构造图

木饰面与不锈钢（平接）（一）三维示意图

施工要点

1.木饰面挂条安装方法一般分为两种，一种是采用挂条安装，挂条的式样、材质也分多种，还有一种是用免钉胶粘贴固定，此法对基层要求高。

2.不锈钢饰面注意转角处收口处理，有防水要求的板与墙之间不能留缝隙，同时还应该做好防水处理。

木饰面与不锈钢（平接）（二）

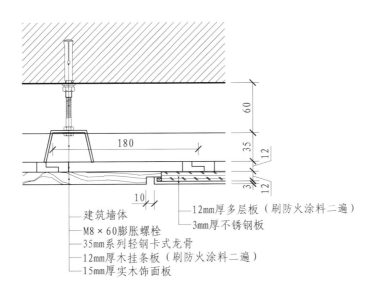

60

35

12

180

10

3

12

35

—— 建筑墙体
—— M8×60膨胀螺栓
—— 35mm系列轻钢卡式龙骨
—— 12mm厚木挂条板（刷防火涂料二遍）
—— 15mm厚实木饰面板

12mm厚多层板（刷防火涂料二遍）
3mm厚不锈钢板

第5章
墙面不同
材质相接

木饰面与不锈钢（平接）（二）构造图

木饰面与不锈钢（平接）（二）三维示意图

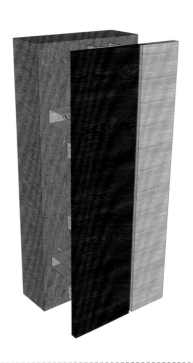

施工要点

1.优质的卡式龙骨具有重量轻、强度高、适应防水、防震、防尘、隔音、吸声、恒温等功效，同时还具有工期短、施工简便等优点。

2.在木饰面安装过程中，若木饰面加工长度大于现场安装长度，应根据所定的水平线裁切两边，两面切口要光滑、整齐，同时做防火、防腐涂料三度，且两端要用油漆封闭。

木饰面与不锈钢（阴角对接）

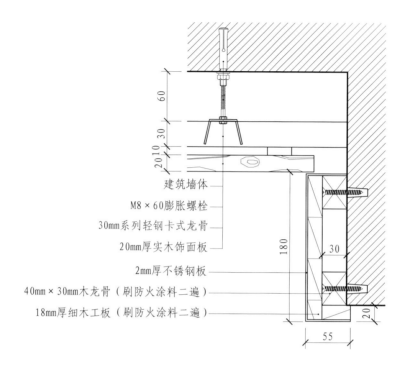

建筑墙体
M8×60膨胀螺栓
30mm系列轻钢卡式龙骨
20mm厚实木饰面板
2mm厚不锈钢板
40mm×30mm木龙骨（刷防火涂料二遍）
18mm厚细木工板（刷防火涂料二遍）

木饰面与不锈钢（阴角对接）构造图

木饰面与不锈钢（阴角对接）三维示意图

施工要点

1.优质的卡式龙骨有光泽、无裂痕，更不会有暗沉的颜色，选购时一定要注意辨别。

2.木饰面板施工时应尽量避免顶头密拼连接，饰面板应在背面刷三遍防火漆，同时下料前必须用油漆封底，避免开裂，便于清洁，施工时避免表面摩擦、局面受力，严禁锤击。

木饰面与墙纸（平接）（一）

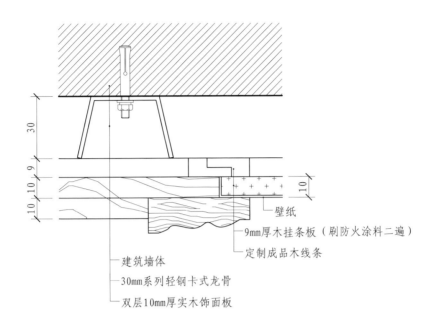

壁纸

9mm厚木挂条板（刷防火涂料二遍）

定制成品木线条

建筑墙体

30mm系列轻钢卡式龙骨

双层10mm厚实木饰面板

30 9 10 10 10 10

木饰面与墙纸（平接）（一）构造图

木饰面与墙纸（平接）（一）三维示意图

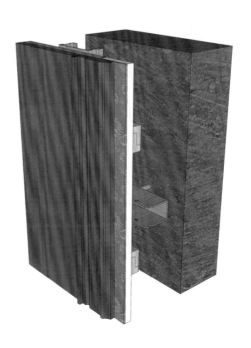

施工要点

1.木饰面板安装前，应对龙骨位置、平直度、钉设牢固情况、防潮构造要求等进行检查，合格后才能进行安装。

2.墙纸表面比较软，施工时不能使用刮板，应用短毛刷和毛巾，贴好后需将墙纸的表面全部用毛巾清洁一遍。

木饰面与墙纸（平接）（二）

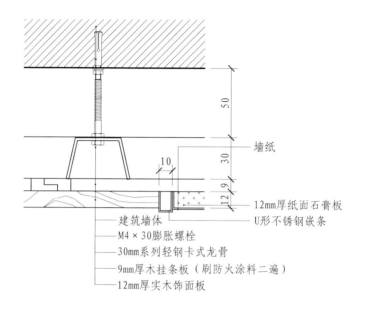

墙纸

12mm厚纸面石膏板
U形不锈钢嵌条

建筑墙体
M4×30膨胀螺栓
30mm系列轻钢卡式龙骨
9mm厚木挂条板（刷防火涂料二遍）
12mm厚实木饰面板

木饰面与墙纸（平接）（二）构造图

木饰面与墙纸（平接）（二）三维示意图

施工要点

1.嵌条的安装是在规定的位置配置，高度比磨平施工面高出2~3mm，锚脚用硬性砂浆固定，采用黏结力强且有韧性的嵌缝胶固定更佳。

2.将墙纸贴到墙面后，需用墙纸专用压辊按同一个方向滚动将气泡赶出，切勿用力将浆液从纸带边缘挤出而溢到墙纸表面，靠近屋顶及地面部分用刮板轻刮，将气泡赶出，使墙纸紧贴墙面，同时将多余的墙纸裁下。

木饰面与墙纸（平接）（三）

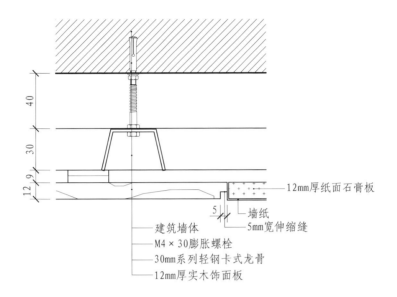

40

30

12 9

5

12mm厚纸面石膏板
墙纸
5mm宽伸缩缝
建筑墙体
M4×30膨胀螺栓
30mm系列轻钢卡式龙骨
12mm厚实木饰面板

木饰面与墙纸（平接）（三）构造图

木饰面与墙纸（平接）（三）三维示意图

施工要点

1.安装边龙骨时采用L形边龙骨，与墙体用塑料胀管或自攻螺钉固定，固定间距为200mm。

2.贴墙纸的胶水要达到浓稠的酸奶状，不成块滴落时，即可进行施工，加水前胶必须调均匀，不能有明显的颗粒或块状，否则胶很难再调开，极有可能影响上胶的均匀性，进而引发一系列问题。

木饰面与墙纸（转接）

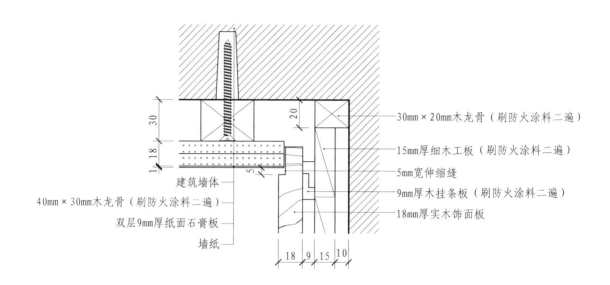

30mm×20mm木龙骨（刷防火涂料二遍）

15mm厚细木工板（刷防火涂料二遍）

5mm宽伸缩缝

9mm厚木挂条板（刷防火涂料二遍）

18mm厚实木饰面板

建筑墙体

40mm×30mm木龙骨（刷防火涂料二遍）

双层9mm厚纸面石膏板

墙纸

18 9 15 10

木饰面与墙纸（转接）构造图

木饰面与墙纸（转接）三维示意图

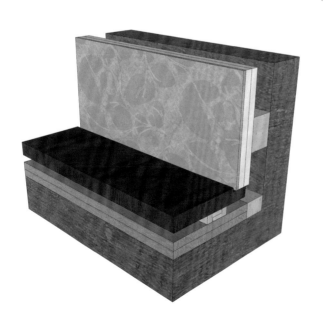

施工要点

1.木龙骨一般都是先做防腐处理后做防火处理，自己施工的话，大多数都是采用喷淋，这就需要反复喷淋了，即喷透后再晾干，再喷透，这样效果也是很好的，不会比浸泡的效果差。

2.在贴壁纸时若墙面上有裂缝、坑洞，可用石膏粉对这些地方进行添补，平整后贴上绷带；若遇沙灰墙、隔墙，可满贴玻璃丝布或的确良布，有些质量差的隔墙或外墙要达到保温的效果，需满钉石膏板。

木饰面与软硬包（平接）（一）

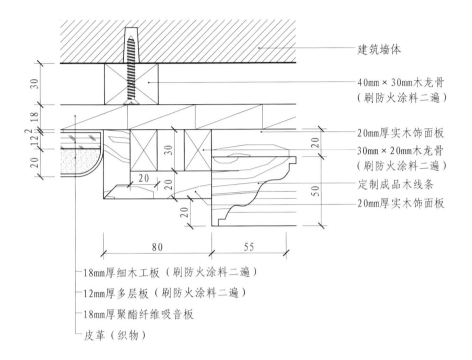

建筑墙体

40mm×30mm木龙骨
（刷防火涂料二遍）

20mm厚实木饰面板

30mm×20mm木龙骨
（刷防火涂料二遍）

定制成品木线条

20mm厚实木饰面板

18mm厚细木工板（刷防火涂料二遍）

12mm厚多层板（刷防火涂料二遍）

18mm厚聚酯纤维吸音板

皮革（织物）

木饰面与软硬包（平接）（一）构造图

木饰面与软硬包（平接）（一）三维示意图

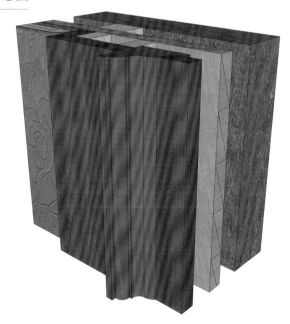

施工要点

1.选购密度板时，表面清洁度好的密度板表面应无明显的颗粒。颗粒是压制过程中带入杂质造成的，不仅影响美观，而且漆膜容易剥落。

2.泡沫垫应采用具有耐老化、防水、防菌、无毒等性能的材料。施工前做好基层清理，要求基层干燥、平整，再将泡沫垫平铺在基层上。

木饰面与软硬包（平接）（二）

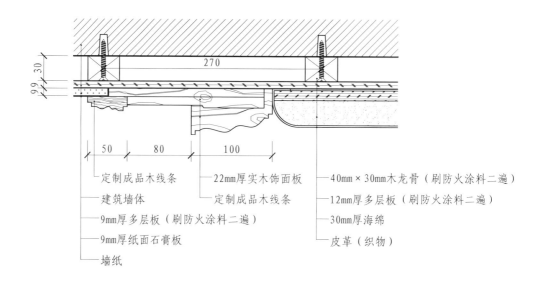

定制成品木线条
建筑墙体
9mm厚多层板（刷防火涂料二遍）
9mm厚纸面石膏板
墙纸

22mm厚实木饰面板
定制成品木线条

40mm×30mm木龙骨（刷防火涂料二遍）
12mm厚多层板（刷防火涂料二遍）
30mm厚海绵
皮革（织物）

木饰面与软硬包（平接）（二）构造图

木饰面与软硬包（平接）（二）三维示意图

施工要点

1.选购实木线条时，应剔除线条中扭曲、疤裂、腐朽的部分，还应注意实木线条的色泽应当一致，线条厚薄均匀。

2.实木线条固定条件允许时，应尽量采用胶黏固定。如需钉接，最好用射钉枪，贺钉钉接时不允许露出钉头。钉的部位应在木线的凹槽位或背视线的一侧。

木饰面与软硬包（平接）（三）

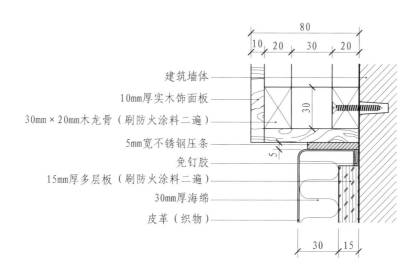

建筑墙体
10mm厚实木饰面板
30mm×20mm木龙骨（刷防火涂料二遍）
5mm宽不锈钢压条
免钉胶
15mm厚多层板（刷防火涂料二遍）
30mm厚海绵
皮革（织物）

木饰面与软硬包（平接）（三）构造图

木饰面与软硬包（平接）（三）三维示意图

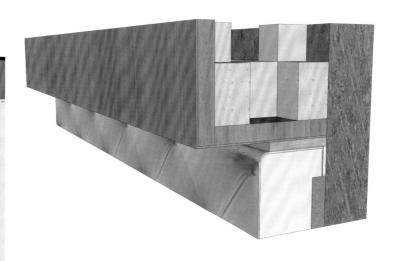

施工要点

1.板材按顶棚实际尺寸裁好，将板材插入压条内，板条的企口向外，安装端正后，用钉子固定住，装完后两侧用压条封口。

2.玻璃胶要黏结的基材表面必须干净，不能有其他附着物（例如粉尘等），否则玻璃胶固化后将会出现黏结不牢或脱落的现象。

木饰面与软硬包（平接）（四）

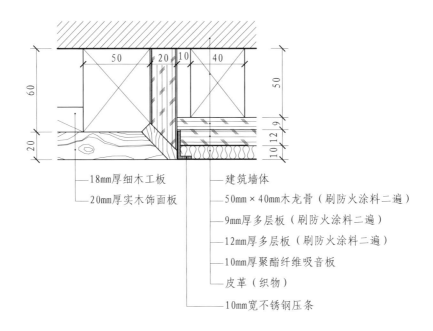

—18mm厚细木工板
—20mm厚实木饰面板
—建筑墙体
—50mm×40mm木龙骨（刷防火涂料二遍）
—9mm厚多层板（刷防火涂料二遍）
—12mm厚多层板（刷防火涂料二遍）
—10mm厚聚酯纤维吸音板
—皮革（织物）
—10mm宽不锈钢压条

木饰面与软硬包（平接）（四）构造图

木饰面与软硬包（平接）（四）三维示意图

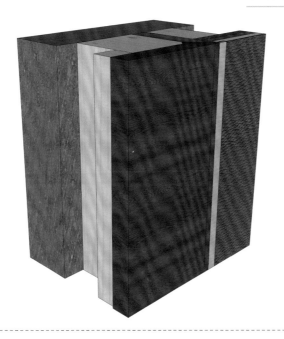

施工要点

1.注意木饰面是否做好防腐、防潮的封闭处理，特别是经过现场锯过、刨过的切面端口以及易潮房间木饰面的防潮封闭处理。

2.木饰面板配好后进行试装，在面板尺寸、接缝、接头处构造完全合适，木纹方向、颜色的观感尚可的情况下，才能进行正式安装。

乳胶漆与软硬包（平接）（一）

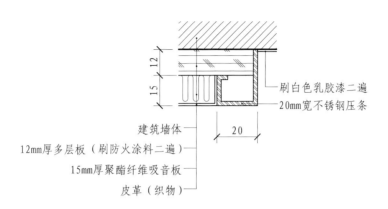

刷白色乳胶漆二遍
20mm宽不锈钢压条

建筑墙体
12mm厚多层板（刷防火涂料二遍）
15mm厚聚酯纤维吸音板
皮革（织物）

第5章
墙面不同
材质相接

乳胶漆与软硬包（平接）（一）构造图

乳胶漆与软硬包（平接）（一）三维示意图

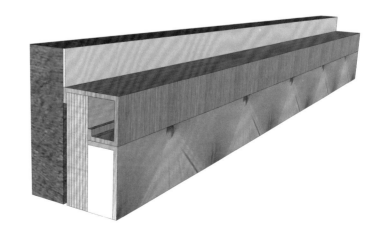

施工要点

1.选购多层板时，重量大的板的基材材质好、压得密实，基层越厚，板材强度越高，铺装后也更结实。

2.乳胶漆施工前，应先除去墙面所有的起壳、裂缝，并用填料补平，清除墙面一切残浆、垃圾、油污，外墙大面积墙面宜作分格处理。用砂纸砂平凹凸处及粗糙面，然后冲洗干净墙面，待完全干透后即可涂刷。

乳胶漆与软硬包（平接）（二）

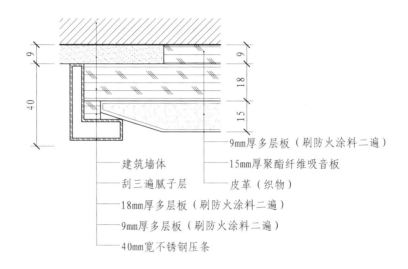

9mm厚多层板（刷防火涂料二遍）

建筑墙体

15mm厚聚酯纤维吸音板

刮三遍腻子层

皮革（织物）

18mm厚多层板（刷防火涂料二遍）

9mm厚多层板（刷防火涂料二遍）

40mm宽不锈钢压条

乳胶漆与软硬包（平接）（二）构造图

乳胶漆与软硬包（平接）（二）三维示意图

施工要点

1.第一遍刮腻子为了墙面打底和找平，就是要把墙角和墙面不规整的地方经过加厚腻子的方式让墙角垂直方正，或让墙面更加平整，为后面的施工创造条件。

2.第二遍刮腻子同样是为了墙面找平，要整个墙面一点不漏地全部刮到。

3.第三遍刮腻子进行局部找平，要注意每次都要等到上一遍腻子完全干透之后才能刮下一遍，不然会将前面刮好的腻子拱起来。

软硬包与不锈钢（平接）（一）

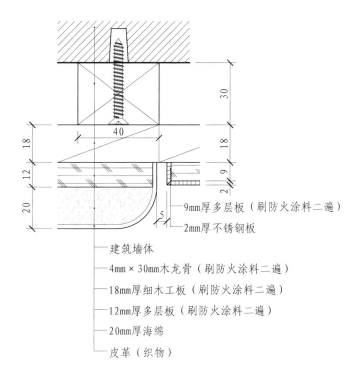

30

18

40

18

12

2

9

20

5

—— 9mm厚多层板（刷防火涂料二遍）

—— 2mm厚不锈钢板

—— 建筑墙体

—— 4mm×30mm木龙骨（刷防火涂料二遍）

—— 18mm厚细木工板（刷防火涂料二遍）

—— 12mm厚多层板（刷防火涂料二遍）

—— 20mm厚海绵

—— 皮革（织物）

软硬包与不锈钢（平接）（一）构造图

软硬包与不锈钢（平接）（一）三维示意图

施工要点

1.选购细木工板时要注意外观要平整，标识要齐全，木板无死结、挖补、漏胶等情况，中板厚度均匀，无重叠、离缝现象，芯板的拼接紧密。竖立放置，边角应平直，对角线误差应在6mm以下。优质的细木工板应平整光滑、干燥。

2.软包安装如采取直接铺贴法施工，应待墙面细木装修基本完成，边框油漆达到完工条件，方可粘贴面料。如果采取预制铺贴镶嵌法，则不受此限制，可事先进行粘贴面料工作。

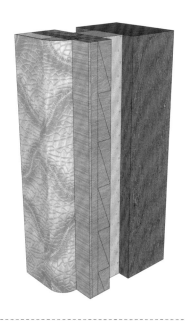

软硬包与不锈钢（平接）（二）

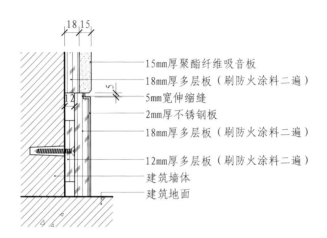

18 15

15mm厚聚酯纤维吸音板
18mm厚多层板（刷防火涂料二遍）
5mm宽伸缩缝
2mm厚不锈钢板
18mm厚多层板（刷防火涂料二遍）
12mm厚多层板（刷防火涂料二遍）
建筑墙体
建筑地面

软硬包与不锈钢（平接）（二）构造图

软硬包与不锈钢（平接）（二）三维示意图

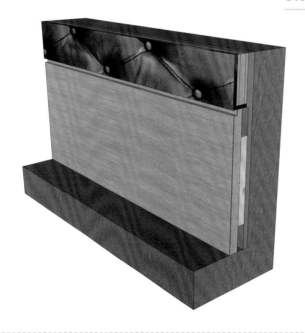

施工要点

1.皮革一般情况下不宜进行拼接，采购定货时必须充分考虑设计分格、造型等对幅宽的要求。而皮革由于受幅面影响，使用前需要进行拼接下料，拼接时必须考虑整体造型，并必须使各小块皮革的鬃眼方向保持一致，接缝形式要满足设计和规范要求。

2.不锈钢脚板基层板应钉牢墙角、表面平直、安装牢固，不应发生翘曲或呈波浪形等情况。

玻璃与不锈钢（平接）

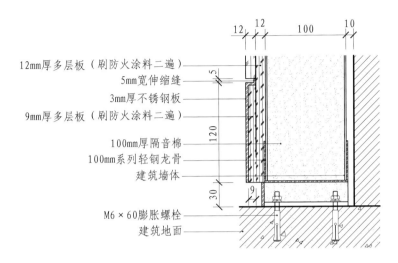

12mm厚多层板（刷防火涂料二遍）
5mm宽伸缩缝
3mm厚不锈钢板
9mm厚多层板（刷防火涂料二遍）
100mm厚隔音棉
100mm系列轻钢龙骨
建筑墙体
M6×60膨胀螺栓
建筑地面

第5章
墙面不同
材质相接

玻璃与不锈钢（平接）构造图

玻璃与不锈钢（平接）三维示意图

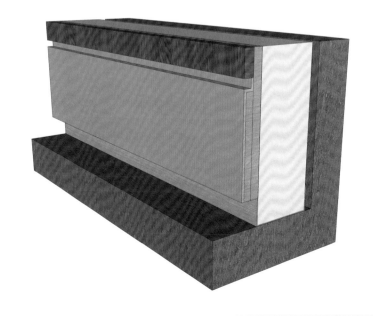

施工要点

1.沿地龙骨包括底面板和位于底面板两侧平行设置的侧面板，底面板上设置有突起部，竖龙骨底部设置有突起部对应的凹槽，凹槽内还设置有固定件。

2.拉丝不锈钢踢脚板背面刷水柏油防腐剂。安装时，拉丝不锈钢踢脚板基板要与立墙贴紧，上口要平直，钉接要牢固，用气动打钉枪直接钉在木楔上。

烤漆玻璃与不锈钢相接

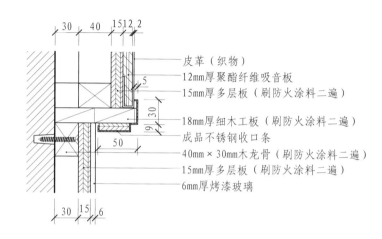

皮革（织物）
12mm厚聚酯纤维吸音板
15mm厚多层板（刷防火涂料二遍）
18mm厚细木工板（刷防火涂料二遍）
成品不锈钢收口条
40mm×30mm木龙骨（刷防火涂料二遍）
15mm厚多层板（刷防火涂料二遍）
6mm厚烤漆玻璃

烤漆玻璃与不锈钢相接构造图

烤漆玻璃与不锈钢相接三维示意图

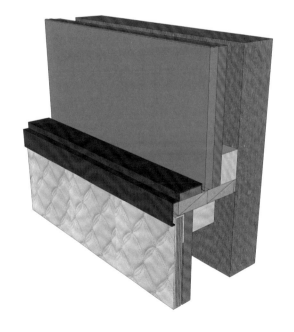

施工要点

1.粘贴仿古拉丝不锈钢时，先将胶黏剂均匀涂刷在基层木板上，再用相同方法涂刷在不锈钢背面，等两面胶黏剂表面风干不黏手后即可粘贴。粘贴时要压平压实，注意不要用金属物重压，以免饰面板表面损伤。

2.将加工好的烤漆玻璃嵌入仿古铜拉丝不锈钢边框料中，贴上密封条，并扣上铝扣片。烤漆玻璃安装采用从下向上的顺序进行。

软硬包与墙纸（阴角对接）（一）

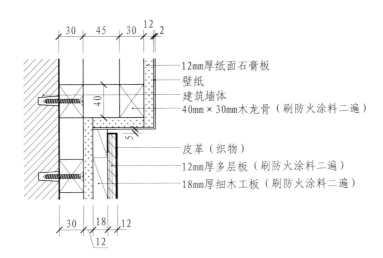

12mm厚纸面石膏板
壁纸
建筑墙体
40mm×30mm木龙骨（刷防火涂料二遍）

皮革（织物）
12mm厚多层板（刷防火涂料二遍）
18mm厚细木工板（刷防火涂料二遍）

软硬包与墙纸（阴角对接）（一）构造图

软硬包与墙纸（阴角对接）（一）三维示意图

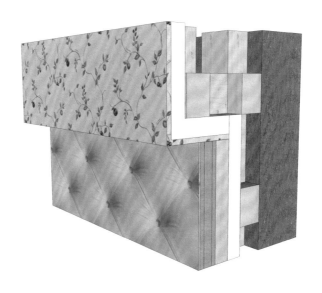

施工要点

1.在石膏板面上画上准线，这样就能够保证墙纸在粘贴时不会出现粘贴倾斜或歪曲的现象。

2.在墙纸上涂抹上胶黏剂，要注意的是胶黏剂的涂抹要适量且均匀，再将涂好胶黏剂的墙纸粘贴在石膏板面上。为保证石膏板面与墙纸间的黏性，可将石膏板面上也均匀地涂刷上胶黏剂。

软硬包与墙纸（阴角对接）（二）

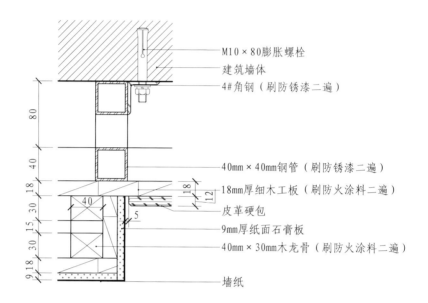

M10×80膨胀螺栓
建筑墙体
4#角钢（刷防锈漆二遍）

40mm×40mm钢管（刷防锈漆二遍）
18mm厚细木工板（刷防火涂料二遍）
皮革硬包
9mm厚纸面石膏板
40mm×30mm木龙骨（刷防火涂料二遍）
墙纸

软硬包与墙纸（阴角对接）（二）构造图

软硬包与墙纸（阴角对接）（二）三维示意图

施工要点

1.贴墙纸时，注意墙纸不能放入水中浸泡。墙纸上胶后背对背折叠，以免胶水黏在墙纸表面。用干净的干毛巾挤出气泡，请勿用力过猛，否则会导致墙纸表面划破、脱层或胶水挤掉，影响粘贴效果。

2.皮革硬包的基层或底板处理要求在结构墙上预埋木砖，抹水泥砂浆找平层。如果是直接铺贴，则应先将底板拼缝用油腻子嵌平密实，满腻子刮1～2遍，待腻子干燥后，用砂纸磨平，粘贴前基层表面刷清油一道。

乳胶漆与不锈钢（平接）

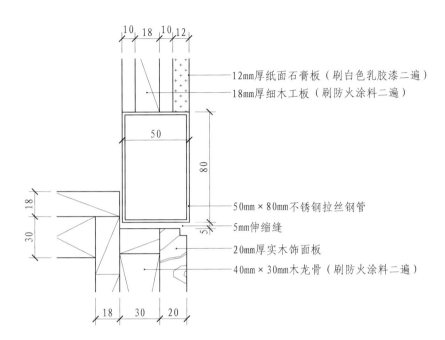

12mm厚纸面石膏板（刷白色乳胶漆二遍）

18mm厚细木工板（刷防火涂料二遍）

50mm×80mm不锈钢拉丝钢管

5mm伸缩缝

20mm厚实木饰面板

40mm×30mm木龙骨（刷防火涂料二遍）

乳胶漆与不锈钢（平接）构造图

乳胶漆与不锈钢（平接）三维示意图

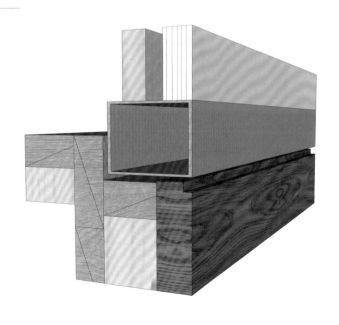

施工要点

1.纸面石膏板的安装必须是无应力安装，先用自攻钉固定石膏板中心部位，再固定边部，使石膏板安装后不受任何应力。

2.木饰面踢脚板应在墙面找平并等干燥后再安装，以保证踢脚板的表面平整。在木饰面踢脚板与地面转角处安装木压条或圆角成品木条。

乳胶漆与不锈钢（阴角对接）

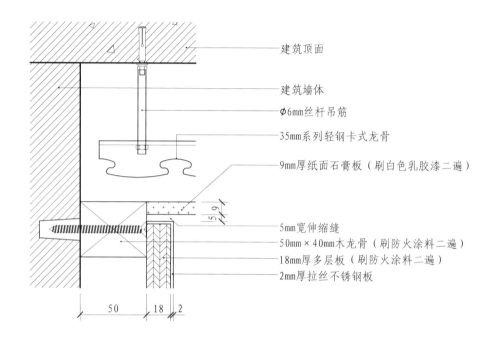

建筑顶面

建筑墙体

Φ6mm丝杆吊筋

35mm系列轻钢卡式龙骨

9mm厚纸面石膏板（刷白色乳胶漆二遍）

5mm宽伸缩缝
50mm×40mm木龙骨（刷防火涂料二遍）
18mm厚多层板（刷防火涂料二遍）
2mm厚拉丝不锈钢板

50 18 2

乳胶漆与不锈钢（阴角对接）构造图

乳胶漆与不锈钢（阴角对接）三维示意图

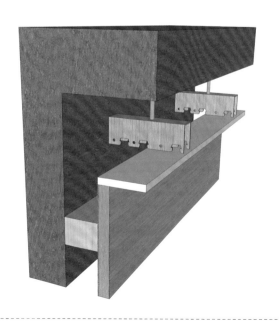

施工要点

1.待填缝石膏充分干燥后，刷白乳胶粘贴接缝纸带，石膏板与其他材料平接处及阴阳角处均需粘贴。

2.用胶皮刮板横向满刮，每刮板接头不得留槎，最后收头要干净利落。干燥后用砂纸磨光，将浮腻子及斑迹磨光后擦拭干净。

3.找补阴阳角及凹坑处，修补阴阳角，干燥后磨光并擦拭干净。

4.用钢片刮板满刮腻子，将墙面刮平、刮光，干燥后用细砂纸磨光、擦净。第一次灯光验收未通过时应修补腻子，磨平、擦净。

软硬包与乳胶漆（平接）

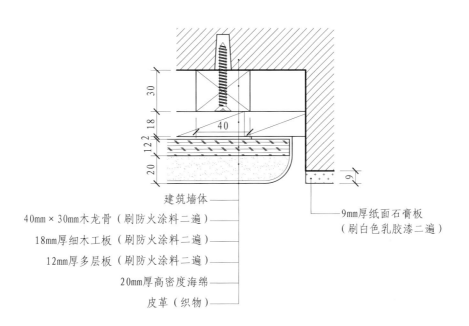

建筑墙体
40mm×30mm木龙骨（刷防火涂料二遍）
18mm厚细木工板（刷防火涂料二遍）
12mm厚多层板（刷防火涂料二遍）
20mm厚高密度海绵
皮革（织物）

9mm厚纸面石膏板
（刷白色乳胶漆二遍）

软硬包与乳胶漆（平接）构造图

软硬包与乳胶漆（平接）三维示意图

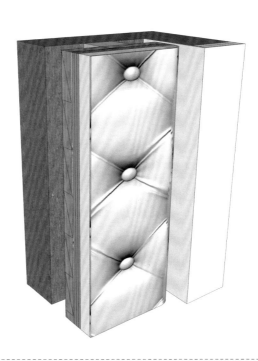

施工要点

1.防火涂料施工前，应将基材表面的尘土、油污去除干净。涂料必须充分搅拌均匀才能使用。对木质龙骨、板材进行涂刷时，可在构造安装前涂刷2遍，构造成型后再涂刷1～2遍。

2.在软包施工的时候，对海绵进行切割、填塞时建议用大的而且比较锋利的铲刀来进行切割，这样才能保证切割边缘的整齐。

第6章

墙面相同材质相接

扫码获取电子资源

陶瓷马赛克与混凝土墙相接

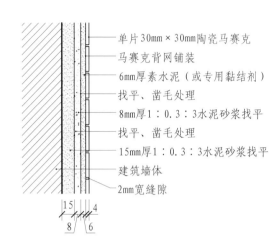

单片30mm×30mm陶瓷马赛克
马赛克背网铺装
6mm厚素水泥（或专用黏结剂）
找平、凿毛处理
8mm厚1：0.3：3水泥砂浆找平
找平、凿毛处理
15mm厚1：0.3：3水泥砂浆找平
建筑墙体
2mm宽缝隙

15　4
8　6

陶瓷马赛克与混凝土墙相接构造图

陶瓷马赛克与混凝土墙相接三维示意图

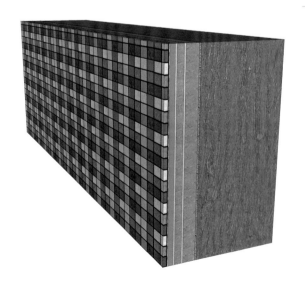

施工要点

1.在施工过程中，混合界面剂请随时搅拌均匀，如出现少量沉淀属正常现象，不影响其质量，产品调配后请在30分钟内用完，逾期有可能影响其质量。

2.马赛克一定要用玻马胶施工，玻马胶能够避免水泥等碱性粘贴材料对马赛克镜面造成的刮花、起碱等现象，充分保持马赛克色彩斑斓、晶莹剔透的美观效果。

石材暗门工艺做法（横剖）

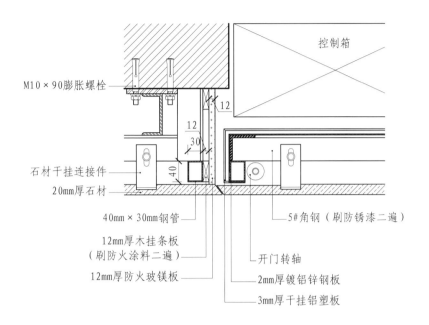

控制箱

M10×90膨胀螺栓

石材干挂连接件

20mm厚石材

40mm×30mm钢管

12mm厚木挂条板
（刷防火涂料二遍）

12mm厚防火玻镁板

5#角钢（刷防锈漆二遍）

开门转轴

2mm厚镀铝锌钢板

3mm厚干挂铝塑板

石材暗门工艺做法（横剖）构造图

石材暗门工艺做法（横剖）三维示意图

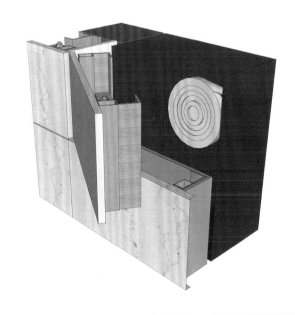

施工要点

1.玻镁板的安装顺序遵循从左到右、从下到上的原则。玻镁板横向安装时，凹口朝上；竖向安装时，凹口在右侧。

2.铝塑板在选购时注意观察板材厚度，板材的四周应非常均匀，目测不能有任何厚薄不一的情况，也可以用尺测量板材的厚度是否达到标称数据。

石材与混凝土墙相接（卫生间挂贴）

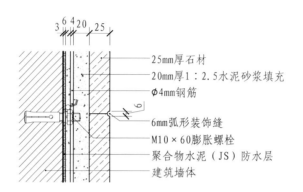

25mm厚石材
20mm厚1：2.5水泥砂浆填充
Φ4mm钢筋
6mm弧形装饰缝
M10×60膨胀螺栓
聚合物水泥（JS）防水层
建筑墙体

石材与混凝土墙相接（卫生间挂贴）构造图

石材与混凝土墙相接（卫生间挂贴）三维示意图

施工要点

1.聚合物水泥（JS）防水涂料施工时，涂覆要尽量均匀，不能有局部沉积，并要求多滚刷几次，使涂料与基层之间不留气泡，黏结严实，涂料（尤其是底涂）有沉淀应随时搅拌均匀。

2.防水层应按设计要求用水泥砂浆找平，其表面要抹平压光，不允许有凹凸不平、松动、起砂和掉灰等缺陷存在。

石材与混凝土柱体相接

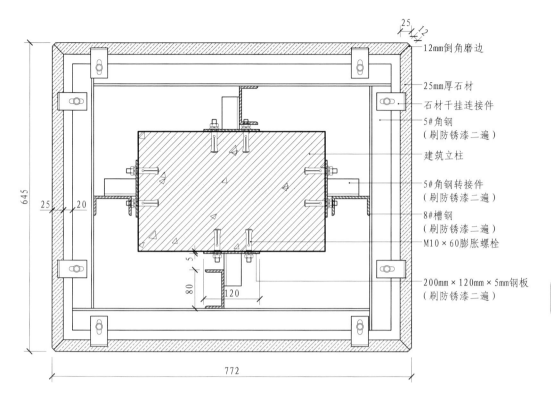

25
12
12mm倒角磨边

25mm厚石材
石材干挂连接件
5#角钢
（刷防锈漆二遍）

建筑立柱

5#角钢转接件
（刷防锈漆二遍）

8#槽钢
（刷防锈漆二遍）

M10×60膨胀螺栓

200mm×120mm×5mm钢板
（刷防锈漆二遍）

645
25 20
80 5
120
772

石材与混凝土柱体相接构造图

石材与混凝土柱体相接三维示意图

施工要点

1.优质的镀锌钢板具有良好的加工性能，可以进行冲压、剪切、焊接等，表面导电性很好。表面呈现出特有的银白色星花，特殊的镀层结构具有优良的耐腐蚀性。

2.在选购镀锌钢板时，要观察基板厚度和覆膜的厚度，优质板材的基板厚度应该与标称一致，覆膜不应有破损或凸出的颗粒。

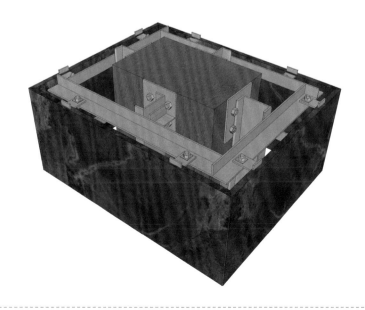

石材与建筑钢柱相接

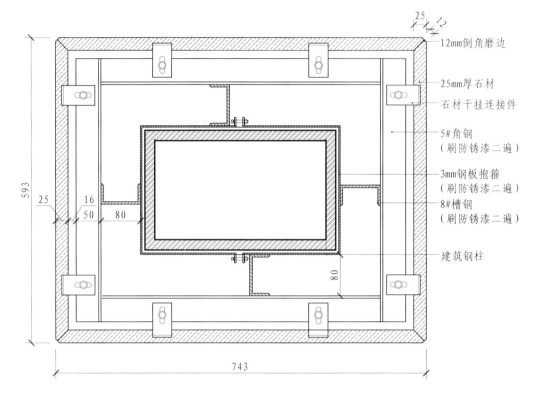

25

12mm倒角磨边

25mm厚石材

石材干挂连接件

5#角钢
（刷防锈漆二遍）

3mm钢板抱箍
（刷防锈漆二遍）

8#槽钢
（刷防锈漆二遍）

建筑钢柱

593

25
16
50
80
80

743

石材与建筑钢柱相接构造图

石材与建筑钢柱相接三维示意图

施工要点

1.抱箍固定在墩柱上，用千斤顶做抱箍支承力试验，确定螺栓的扭矩与摩擦力之间的关系，推算出盖梁施工时螺栓的最小扭矩。杜绝施工时抱箍下滑造成质量和安全事故。

2.安装固定竖框的铁板，连接件采用槽钢与埋件满焊。焊接完成后，按规定除去焊渣并进行焊缝隐检，合格后刷两遍防锈漆。

陶瓷马赛克隔墙工艺做法（卫生间）

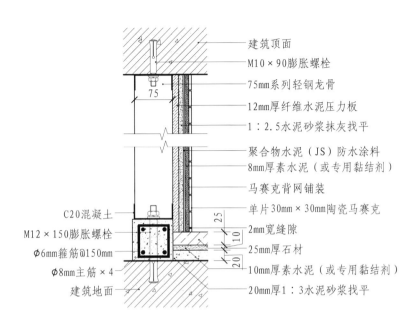

建筑顶面

M10×90膨胀螺栓

75mm系列轻钢龙骨

12mm厚纤维水泥压力板

1：2.5水泥砂浆抹灰找平

聚合物水泥（JS）防水涂料

8mm厚素水泥（或专用黏结剂）

马赛克背网铺装

单片30mm×30mm陶瓷马赛克

2mm宽缝隙

25mm厚石材

10mm厚素水泥（或专用黏结剂）

20mm厚1：3水泥砂浆找平

C20混凝土

M12×150膨胀螺栓

Φ6mm箍筋@150mm

Φ8mm主筋×4

建筑地面

陶瓷马赛克隔墙工艺做法（卫生间）构造图

陶瓷马赛克隔墙工艺做法（卫生间）三维示意图

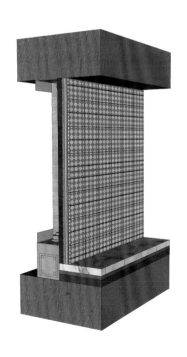

施工要点

1.边龙骨的安装应按设计要求弹线，沿墙上的水平龙骨线将L形镀锌轻钢条用自攻螺钉固定在预埋木桩上，如为混凝土墙（柱），可用射钉固定，射钉间距应不大于吊顶副龙骨的间距。

2.成块的马赛克之间的缝间距一定要均匀，而且间距的大小应该与小块马赛克间本来的缝间距相等，这样整个墙面看过去就是一体成型的，看不出是由一大块一大块的马赛克拼贴而成的。

玻璃窗户与墙面相接（一）

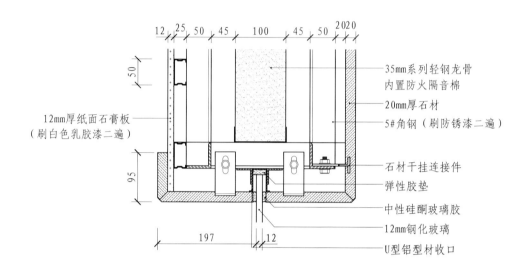

12mm厚纸面石膏板
（刷白色乳胶漆二遍）

35mm系列轻钢龙骨
内置防火隔音棉
20mm厚石材
5#角钢（刷防锈漆二遍）
石材干挂连接件
弹性胶垫
中性硅酮玻璃胶
12mm钢化玻璃
U型铝型材收口

玻璃窗户与墙面相接（一）构造图

玻璃窗户与墙面相接（一）三维示意图

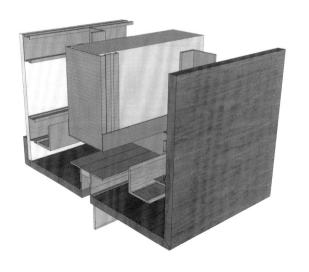

施工要点

1.安装主龙骨和副龙骨时，龙骨用减震吊钩和吊丝固定，在安装过程中要注意施工安全，密封性要做到规定标准，与墙体直接接触的龙骨最好要涂上两道隔音密封剂，以起到密封缝隙和减震的双重效果。

2.施胶时要持续均匀，先打垂直方向的胶缝，再打水平方向的胶缝。在竖向胶缝施胶时，要自上而下进行，待胶注满后，进行刮胶，同时检查胶缝是否有气泡、空鼓、断缝、夹渣等情况，若有应及时处理。

玻璃窗户与墙面相接（二）

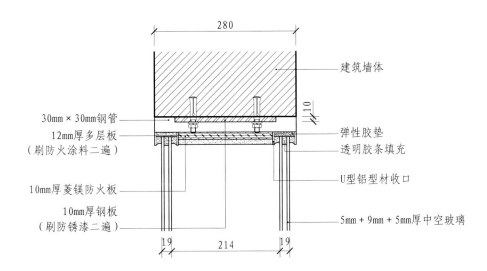

280

建筑墙体

30mm×30mm钢管

12mm厚多层板
（刷防火涂料二遍）

弹性胶垫

透明胶条填充

U型铝型材收口

10mm厚菱镁防火板

10mm厚钢板
（刷防锈漆二遍）

5mm＋9mm＋5mm厚中空玻璃

19 214 19

玻璃窗户与墙面相接（二）构造图

玻璃窗户与墙面相接（二）三维示意图

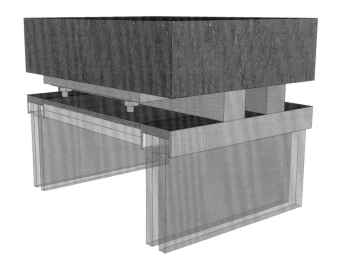

施工要点

1.安装于竖框中的玻璃，应放在两块定位垫块上，定位垫块距玻璃垂直边缘的距离为玻璃宽的1/4，且不宜小于150mm。

2.中空玻璃朝室外一面（一般用钢化玻璃）采用硅橡胶树脂加有机物配成的有机硅胶黏剂与窗框、扇黏结；朝室内一面衬垫橡胶皮压条，用螺钉固定。这样，既可防止玻璃松动，又可防止窗框与玻璃的缝隙漏水。

石材隔墙工艺做法（横剖）

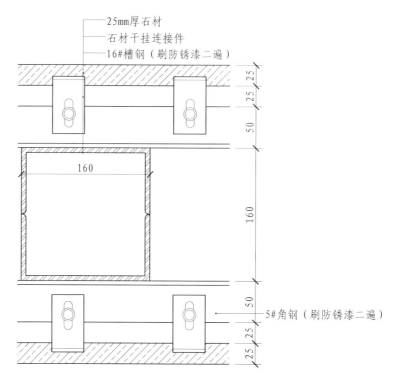

25mm厚石材
石材干挂连接件
16#槽钢（刷防锈漆二遍）

160

160

50

25

25

25

50

50

25

25

5#角钢（刷防锈漆二遍）

石材隔墙工艺做法（横剖）构造图

石材隔墙工艺做法（横剖）三维示意图

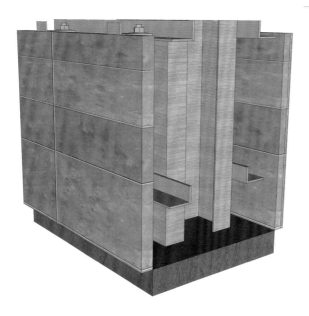

施工要点

1.隐蔽铁件是干挂墙砖、石材的骨架，它的表面平整度及垂直度必须随时调整到允许误差的范围之内，焊接必须牢固，并进行镀锌防锈处理。

2.墙砖、石材安装应由下至上进行，用墙砖、石材按顺序排列底层板，先上好侧向连接件，调整面板后予以固定。

石材隔墙工艺做法（竖剖）

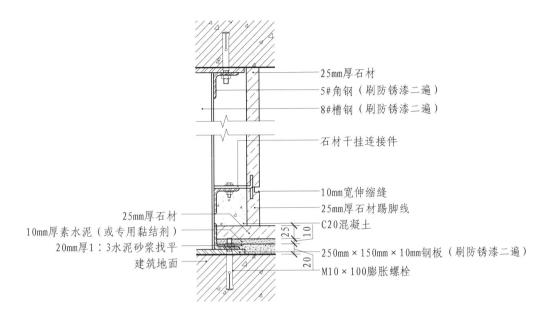

25mm厚石材
5#角钢（刷防锈漆二遍）
8#槽钢（刷防锈漆二遍）

石材干挂连接件

10mm宽伸缩缝
25mm厚石材踢脚线
C20混凝土
250mm×150mm×10mm钢板（刷防锈漆二遍）
M10×100膨胀螺栓

25mm厚石材
10mm厚素水泥（或专用黏结剂）
20mm厚1：3水泥砂浆找平
建筑地面

石材隔墙工艺做法（竖剖）构造图

石材隔墙工艺做法（竖剖）三维示意图

施工要点

1.石材开孔前必须制备模具，根据模具进行钻孔，以保证位置正确。钻孔方向应垂直，孔径及深度适合，不准损坏孔壁。

2.在墙砖、石材安装并调整固定后，应进行嵌缝。用胶枪将耐候密封胶注入石材缝隙中。为使胶缝顺直，并使石材表面不受污染，应在石材接缝两侧贴上纸面胶带，待胶缝做完后，再将其揭去。

石材与混凝土墙相接（竖剖）

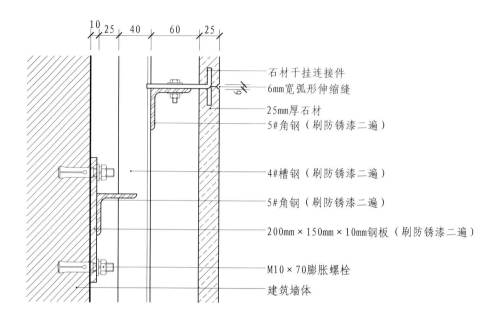

石材干挂连接件
6mm宽弧形伸缩缝
25mm厚石材
5#角钢（刷防锈漆二遍）

4#槽钢（刷防锈漆二遍）

5#角钢（刷防锈漆二遍）

200mm×150mm×10mm钢板（刷防锈漆二遍）

M10×70膨胀螺栓

建筑墙体

石材与混凝土墙相接（竖剖）构造图

石材与混凝土墙相接（竖剖）三维示意图

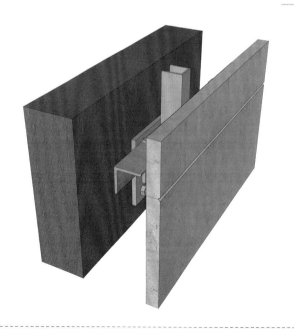

施工要点

1.一般的云石胶由于其耐水性及耐久性不太好，并且固化时产生收缩，云石胶一般不作为结构胶使用，而只常用于快速定位或石材修补。应特别注意的是，云石胶绝不可用于大面积的粘贴。

2.AB胶固化后，由于具有较好的强度和耐久性，所以除专用于大理石干挂外，通过调整配方也可用于其他结构的黏结。

石材与混凝土墙相接（横剖）

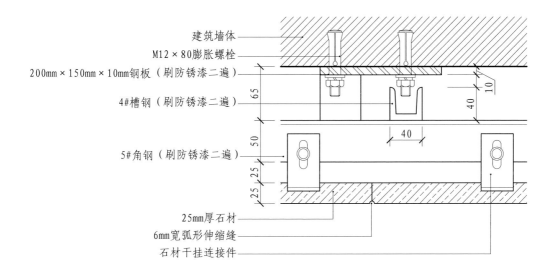

建筑墙体

M12×80膨胀螺栓

200mm×150mm×10mm钢板（刷防锈漆二遍）

4#槽钢（刷防锈漆二遍）

5#角钢（刷防锈漆二遍）

25mm厚石材

6mm宽弧形伸缩缝

石材干挂连接件

石材与混凝土墙相接（横剖）构造图

石材与混凝土墙相接（横剖）三维示意图

施工要点

1.墙面石材干挂连接件多为镀锌产品，容易生锈，最好选择不锈钢产品。

2.石材干挂完成并清扫拼接缝后，即可嵌入聚氨酯胶或填缝剂，仔细微调石材之间的缝隙与表面的平整度。

3.安装石材基层时，要求对混凝土外墙表面进行测量，检查其平整度，从而保证龙骨的垂直度，根据图纸对混凝土外墙面进行基层处理，将基准面清理干净。

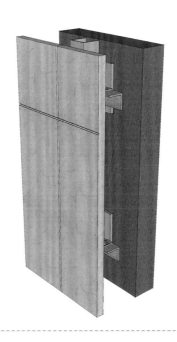

石材与加气块墙相接（竖剖）

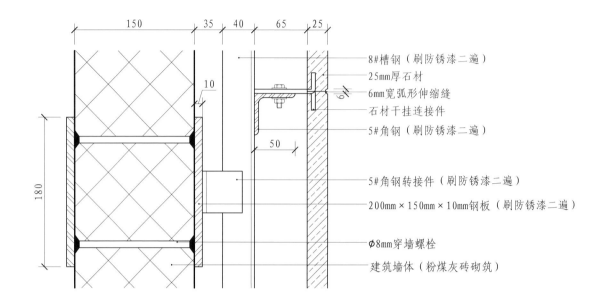

8#槽钢（刷防锈漆二遍）
25mm厚石材
6mm宽弧形伸缩缝
石材干挂连接件
5#角钢（刷防锈漆二遍）

5#角钢转接件（刷防锈漆二遍）
200mm×150mm×10mm钢板（刷防锈漆二遍）

Φ8mm穿墙螺栓

建筑墙体（粉煤灰砖砌筑）

石材与加气块墙相接（竖剖）构造图

石材与加气块墙相接（竖剖）三维示意图

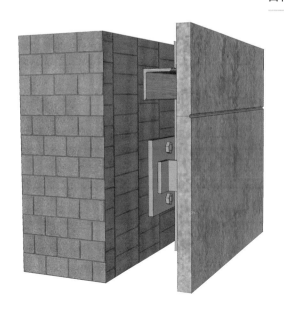

施工要点

1.安装穿墙螺栓时，对称调整模板、地脚丝杠，用磁力线坠借助支模辅助线，调测模板垂直度，并挂线调整模板上口，然后拧紧地脚丝杠及穿墙螺栓。

2.检查角模与墙模，角模与墙模子母口接缝是否严密，如不严密应用泡沫海绵填充缝隙，使间隙严密，防止出现漏浆、错台等现象。

石材与加气块墙相接（横剖）

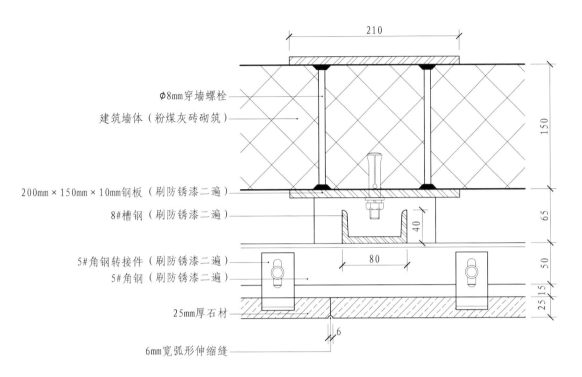

石材与加气块墙相接（横剖）构造图

图中标注：
- 210
- Φ8mm穿墙螺栓
- 建筑墙体（粉煤灰砖砌筑）
- 150
- 200mm×150mm×10mm钢板（刷防锈漆二遍）
- 8#槽钢（刷防锈漆二遍）
- 65
- 40
- 80
- 5#角钢转接件（刷防锈漆二遍）
- 5#角钢（刷防锈漆二遍）
- 50
- 25mm厚石材
- 25 15
- 6
- 6mm宽弧形伸缩缝

石材与加气块墙相接（横剖）三维示意图

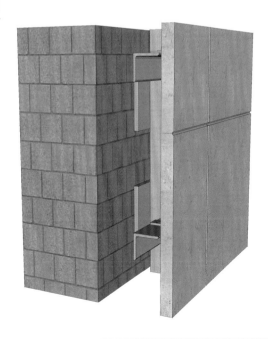

施工要点

1.墙面石材阳角收口均应45°拼接对角处理。待墙面石材全部铺贴完成后，应调制与石材同色的云石胶作勾缝处理，勾缝必须严密。

2.石材墙面有横缝时（如V形缝、凹槽），阴角收口均应45°（角度稍小于45°，以利于拼接）拼接对角处理，该工序应在工厂内加工完成。

玻璃栏杆扶手工艺做法（一）

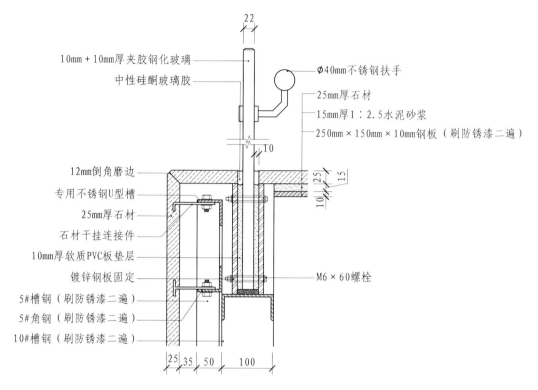

10mm + 10mm厚夹胶钢化玻璃
中性硅酮玻璃胶

Φ40mm不锈钢扶手
25mm厚石材
15mm厚1：2.5水泥砂浆
250mm×150mm×10mm钢板（刷防锈漆二遍）

12mm倒角磨边
专用不锈钢U型槽
25mm厚石材
石材干挂连接件
10mm厚软质PVC板垫层
镀锌钢板固定
M6×60螺栓
5#槽钢（刷防锈漆二遍）
5#角钢（刷防锈漆二遍）
10#槽钢（刷防锈漆二遍）

25 35 50 100

玻璃栏杆扶手工艺做法（一）构造图

玻璃栏杆扶手工艺做法（一）三维示意图

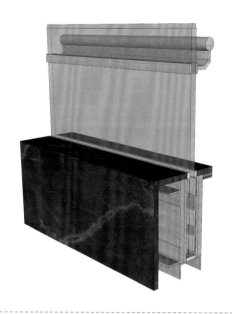

施工要点

1.优质的钢化夹胶超白玻安全性高，由于中间层的胶膜坚韧且附着力强，受冲击后破损不易被贯穿，碎片不会脱落，与胶膜紧紧地黏合在一起。与其他玻璃相比，它具有耐震、防盗、防弹、防爆的性能。

2.在夹缝表面固化前，将胶缝刮平，对水平方向从十字接头处单向推进、刮平，对垂直方向则由上而下连续推进，将表面刮平，确保胶体表面平整、光滑、美观流畅。

玻璃栏杆扶手工艺做法（二）

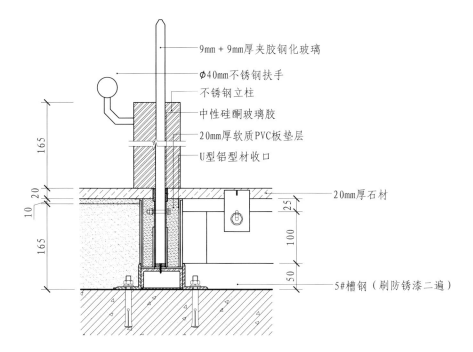

- 9mm + 9mm厚夹胶钢化玻璃
- ∅40mm不锈钢扶手
- 不锈钢立柱
- 中性硅酮玻璃胶
- 20mm厚软质PVC板垫层
- U型铝型材收口
- 20mm厚石材
- 5#槽钢（刷防锈漆二遍）

玻璃栏杆扶手工艺做法（二）构造图

玻璃栏杆扶手工艺做法（二）三维示意图

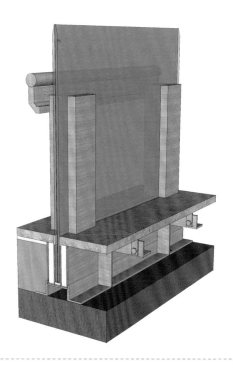

施工要点

1.焊接施工时，焊条应与母材材质相同，安装时将立杆与埋件以点焊的方式临时固定，经标高、垂直校正后，再施焊使其牢固。

2.扶手接口按要求角度套割正确，并用金属锉刀锉平，以免套割不准确，造成扶手弯曲和安装困难。安装时，先将起点弯头与栏杆立杆以点焊的方式固定，待检查无误后再施焊使其牢固。

艺术玻璃与墙面相接做法

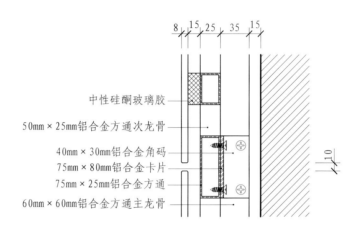

中性硅酮玻璃胶
50mm×25mm铝合金方通次龙骨
40mm×30mm铝合金角码
75mm×80mm铝合金卡片
75mm×25mm铝合金方通
60mm×60mm铝合金方通主龙骨

艺术玻璃与墙面相接做法构造图

艺术玻璃与墙面相接做法三维示意图

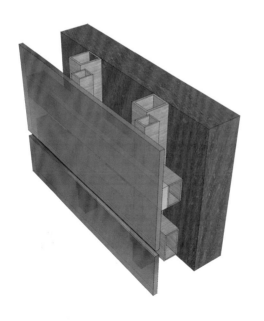

施工要点

1.在墙面安装铝方通时，首先要在外墙搭建铁框架子，铝方通在厂家生产时两头焊接铝角码，上下用锣栓固定，中间用平头螺栓固定，这样的安装方法结实又牢固。

2.在选购艺术玻璃时，玻璃的厚度选择和玻璃要安装的位置有很大的关系。如果艺术玻璃是用来做隔断的，那么就需要选择较厚的，厚度在10mm以上；如果是作为装饰壁画类的，可以选择厚度较薄的玻璃，5mm、8mm的都可以。

艺术玻璃与隔墙相接做法

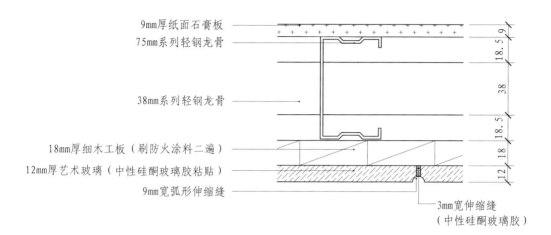

9mm厚纸面石膏板
75mm系列轻钢龙骨
38mm系列轻钢龙骨
18mm厚细木工板（刷防火涂料二遍）
12mm厚艺术玻璃（中性硅酮玻璃胶粘贴）
9mm宽弧形伸缩缝

3mm宽伸缩缝
（中性硅酮玻璃胶）

18.5 9
38
18.5
18
12

艺术玻璃与隔墙相接做法构造图

艺术玻璃与隔墙相接做法三维示意图

施工要点

1.艺术玻璃砖应砌筑在配有两根F6~F8钢筋增强的基础上。基础高度不应大于150mm，宽度应大于玻璃砖厚度20mm以上。玻璃砖分隔墙顶部和两端应用金属型材。

2.玻璃砖之间的接缝不得小于10mm，且不大于30mm。玻璃砖与型材，型材与建筑物的接合部，应用弹性密封胶密封。

第 7 章
地　面

扫码获取电子资源

7.1 地面常规铺装

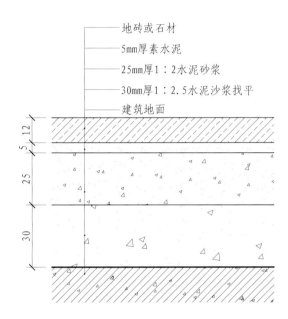

地砖或石材
5mm厚素水泥
25mm厚1：2水泥砂浆
30mm厚1：2.5水泥沙浆找平
建筑地面

地砖铺设基层构造图

地砖铺设基层三维示意图

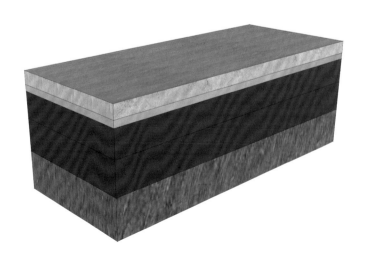

施工要点

1.不同等级的大理石板材的外观有所不同。因为大理石是天然形成的，缺陷在所难免。同时加工设备和量具的优劣也是造成板材缺陷的原因。

2.找平层应设分格缝，缝的间距不宜大于6m。找平层表面平整度的允许偏差为5mm。铺设找平层前，应先将保温层清理干净，保持湿润。铺设时按先远后近、由高到低的顺序进行。采用水泥砂浆找平时，收水后应二次压光，充分养护。

地毯铺设基层

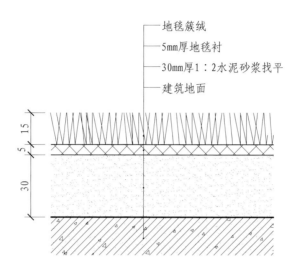

- 地毯簇绒
- 5mm厚地毯衬
- 30mm厚1：2水泥砂浆找平
- 建筑地面

15
5
30

地毯铺设基层构造图

地毯铺设基层三维示意图

施工要点

1.地毯铺装完毕后要对细部进行清理，要注意门口压条、门框、管道、暖气罩、槽盒、门槛、楼梯踏步、过道平台等部位的地毯套割、固定、掩边操作。

2.地毯衬利用平整的带子减少在地毯装钉过程中纱线的偏斜率。无论是有棱纹的、有褶皱的或者夹杂原纤维组织的地毯，使用带子可以解决出现的一些问题，比简单的十字交叉的形式好。使用橡胶还可以增加空间的稳定性。

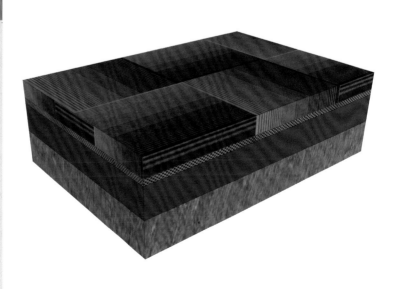

石材铺设基层

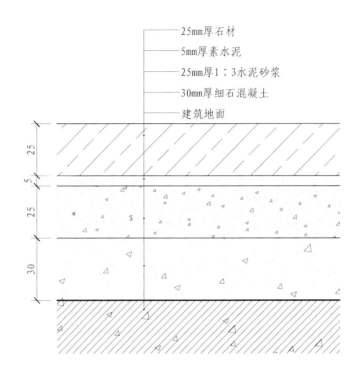

25mm厚石材
5mm厚素水泥
25mm厚1：3水泥砂浆
30mm厚细石混凝土
建筑地面

石材铺设基层构造图

石材铺设基层三维示意图

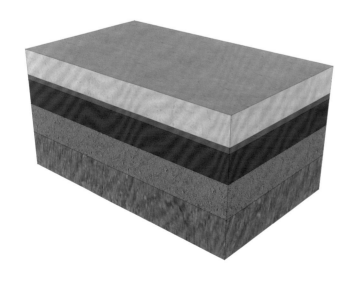

1.找平层厚度大于30mm的为细石混凝土找平层，石材反面用10mm厚白水泥批灰，有防水要求的要有防水层。

2.干粉黏结剂配料和施工操作简单，且和易性好，节能效果明显，耐水、耐候、耐久性好并且表面无裂缝，适用于各种饰面材料的装饰，也是空心砖或空心砌块外墙保温建筑的最好选择。

地板铺设基层

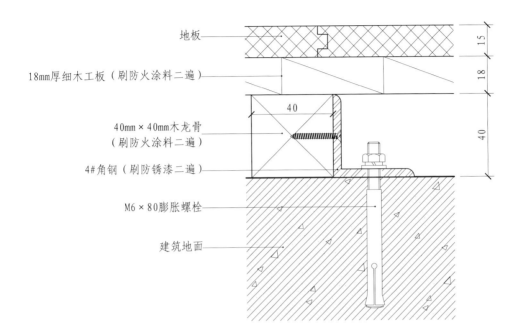

地板

18mm厚细木工板（刷防火涂料二遍）

40mm×40mm木龙骨
（刷防火涂料二遍）

4#角钢（刷防锈漆二遍）

M6×80膨胀螺栓

建筑地面

40

15

18

40

地板铺设基层构造图

地板铺设基层三维示意图

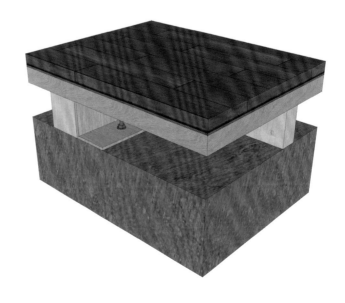

施工要点

1.防火涂料施工方法简单，施工前将基材表面上的尘土、油污去除干净。涂料必须搅拌均匀才能使用，如若涂料黏度太大，可加少量的清水稀释。

2.免漆、免刨地板买回家就可以直接安装使用，施工方便，素板需自己刷漆后使用。免漆实木地板经过高温处理后一般不会生虫，即使板面虫卵未被高温杀死，也会被油漆封闭闷死。

鹅卵石地面

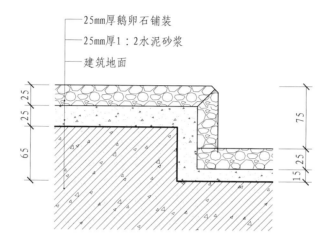

25mm厚鹅卵石铺装
25mm厚1：2水泥砂浆
建筑地面

鹅卵石地面大样图

鹅卵石地面三维示意图

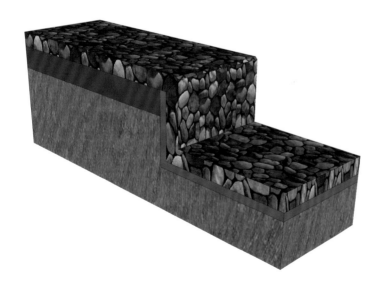

施工要点

1.防潮层施工前，需清除基面上的泥土、砂浆等杂物，将被碰动的砖块重新砌筑，充分浇水润湿，待表面略风干，即可进行防潮层施工。

2.绝热层应具备良好的制备工艺，以获得均匀、柔软、光滑、尺寸稳定的绝热层片材。

3.地暖保护层一定要在确保找平层无误的情况下进行。

7.2 地面过界铺装

不同面层的收头

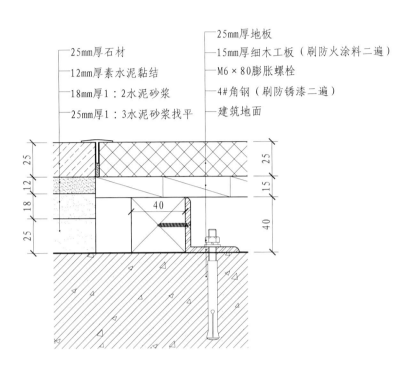

25mm厚石材
12mm厚素水泥黏结
18mm厚1∶2水泥砂浆
25mm厚1∶3水泥砂浆找平

25mm厚地板
15mm厚细木工板（刷防火涂料二遍）
M6×80膨胀螺栓
4#角钢（刷防锈漆二遍）
建筑地面

不同面层的收头构造图

不同面层的收头三维示意图

施工要点

1.防火涂料刷涂、滚涂均可，一般涂3~4遍即可。对木质龙骨、板材进行涂刷时，可在构造安装前涂刷2遍，构造成型后再涂刷1~2遍。

2.收边条安装之前，最好能控制地板之间的缝隙大小，若能做到无缝拼接，可以避免伸缩缝留宽了或者留窄了的问题。

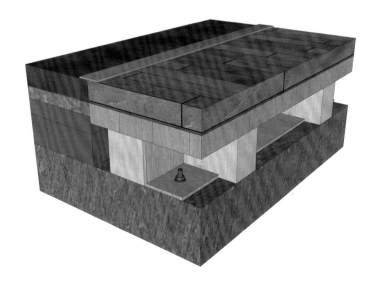

踢脚线的收头

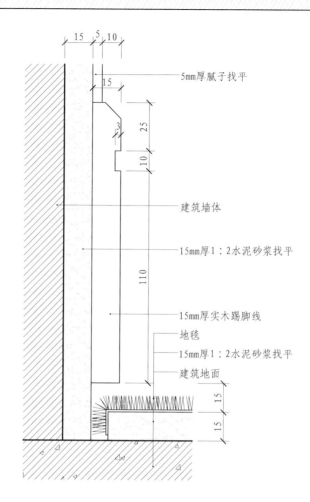

5mm厚腻子找平

建筑墙体

15mm厚1∶2水泥砂浆找平

15mm厚实木踢脚线

地毯
15mm厚1∶2水泥砂浆找平
建筑地面

踢脚线的收头构造图

踢脚线的收头三维示意图

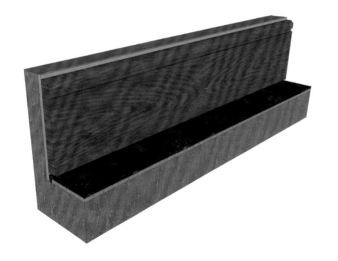

施工要点

1.找平一定要仔细，如果地面的强度不够，后期无论怎么打扫墙角都会不停地往地板上冒灰。

2.铺贴脚线前，应先将带有白水泥的墙体铲干净，然后铺贴脚线，铺贴后应注意对脚线进行保护，以免刷漆或喷漆时大量油漆黏到脚线表面清理不下来。

地毯过界铺装

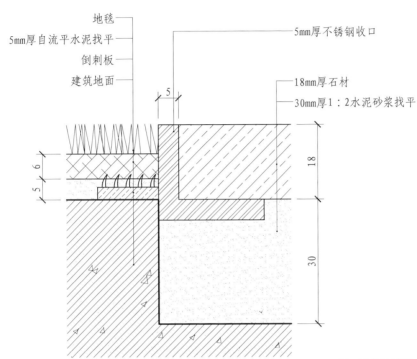

地毯

5mm厚自流平水泥找平

倒刺板

建筑地面

5mm厚不锈钢收口

18mm厚石材

30mm厚1:2水泥砂浆找平

5

6

5

18

30

地毯过界铺装节点大样图

地毯过界铺装三维示意图

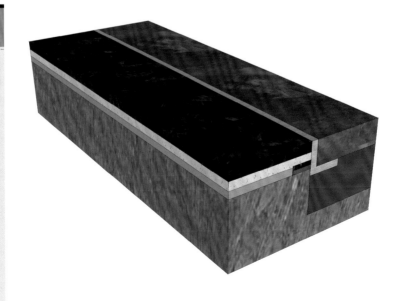

施工要点

1.泡沫塑料垫层就是介于地毯跟地面之间的夹层，可以阻挡灰尘渗到地面上，能有效地防止灰尘的下渗。

2.在使用水泥砂浆时，还要经常掺入一些添加剂（如微沫剂、防水粉等），以改善它的和易性与黏稠度。

3.优质的人造大理石纹理自然，与天然大理石相比，一般难以分辨。在选购大理石时，可从大理石色差、吸水率方面进行甄别。

门槛条

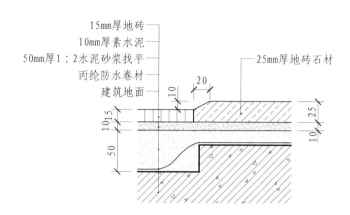

15mm厚地砖
10mm厚素水泥
50mm厚1：2水泥砂浆找平
丙纶防水卷材
建筑地面
25mm厚地砖石材

门槛条剖面图

门槛条三维示意图

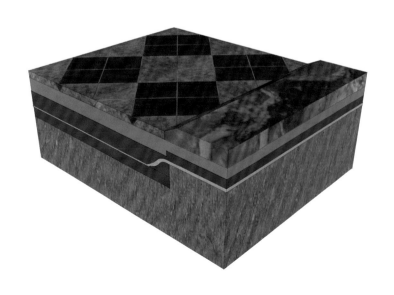

施工要点

1.铺设地砖之前，一定要清除基层表面起砂、油污、遗留物等。彻底清理干净地面尘土、砂粒后，均匀滚涂一遍界面剂。

2.在实铺中应用橡皮锤振实，用力均匀，以防损坏地砖，用水平尺检查平整度，通过检查砖缝的通顺，要求表面平整、颜色一致，砖缝、十字缝通顺，接缝高低一致平整，黏结密实、牢固、无空鼓，达到完成面标高和设计要求。

地砖与复合地板

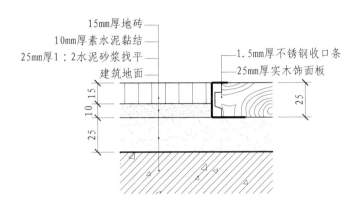

15mm厚地砖
10mm厚素水泥黏结
25mm厚1：2水泥砂浆找平
建筑地面

1.5mm厚不锈钢收口条
25mm厚实木饰面板

地砖与复合地板剖面图

地砖与复合地板三维示意图

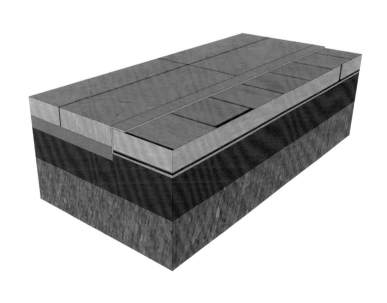

施工要点

1. 实木复合地板使用频率较多，在施工中一般直接铺设，也可以架设木龙骨，有的产品还配置专用胶水，可以直接粘贴。选购时，要注意观察表层厚度，表层板材越厚，耐磨损的时间就越长，进口优质实木复合地板的表层厚度一般在4mm以上。

2. 不锈钢收口之前，检查收口对缝的基面固定是否牢固，对缝处是否有凹凸不平现象，若有，应查其原因并进行加固和修正。

复合地板与幕墙收口

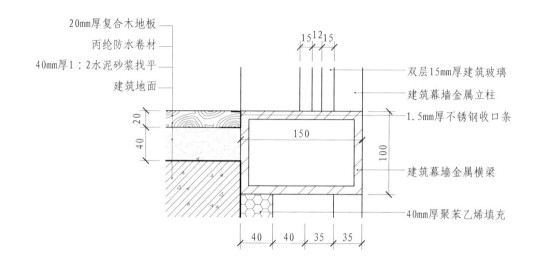

20mm厚复合木地板
丙纶防水卷材
40mm厚1：2水泥砂浆找平
建筑地面

15 12 15

双层15mm厚建筑玻璃
建筑幕墙金属立柱
1.5mm厚不锈钢收口条

150

100

建筑幕墙金属横梁

40mm厚聚苯乙烯填充

20
40

40 40 35 35

复合地板与幕墙收口剖面图

复合地板与幕墙收口三维示意图

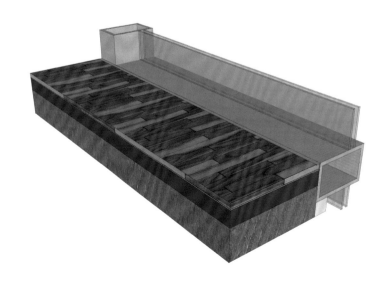

施工要点

1.复合地板与铝合金的膨胀系数不同，因此两者之间需要保留5mm左右的缝隙，不锈钢收口条能将这个缝隙遮挡，但是采用硅酮玻璃胶或聚氨酯结构胶粘贴时，只应粘贴缝隙的垂直面，不能粘贴水平面，否则会发生胶体开裂。

2.必须对幕墙系统的每个重要部位进行科学的力学计算，考虑风压、自重、地震、温度等作用对幕墙系统的影响，对埋件、连接系统、龙骨系统、面板及紧固件进行仔细校核，确保幕墙的安全性。

复合地板地面与地砖地面

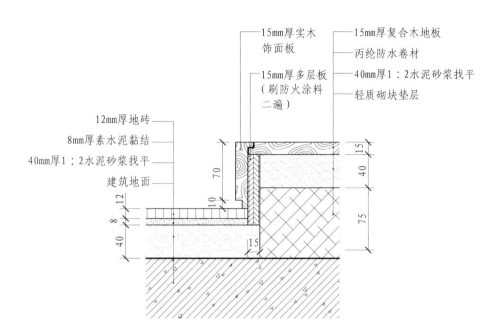

15mm厚实木饰面板
15mm厚复合木地板
丙纶防水卷材
15mm厚多层板（刷防火涂料二遍）
40mm厚1：2水泥砂浆找平
轻质砌块垫层
12mm厚地砖
8mm厚素水泥黏结
40mm厚1：2水泥砂浆找平
建筑地面

复合地板地台与地砖地面剖面图

第7章 地面

复合地板地台与地砖地面三维示意图

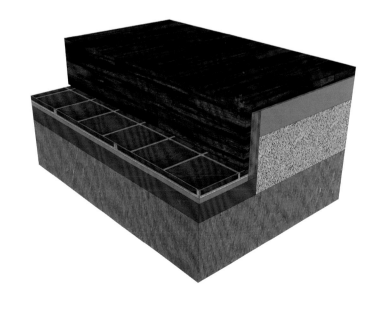

施工要点

1.地面铺设地板后，与墙面、过门石等周边区域需要预留缝隙，为地板的膨胀预留空间，并通过踢脚线的安装对缝隙进行掩盖。连接处的留缝需要使用压条或收边条来遮盖留缝。

2.选购复合地板时，可拿两块地板的样板拼装一下，看拼装后是否整齐、严密。

复合地板地面与幕墙收口

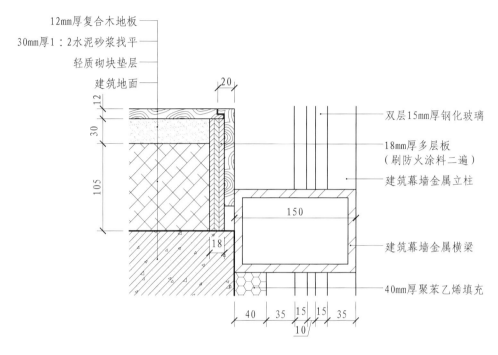

12mm厚复合木地板
30mm厚1:2水泥砂浆找平
轻质砌块垫层
建筑地面

20

12
30
105
18

150

双层15mm厚钢化玻璃

18mm厚多层板
(刷防火涂料二遍)

建筑幕墙金属立柱

建筑幕墙金属横梁

40mm厚聚苯乙烯填充

40 35 15 15 35
10

复合地板地面与幕墙收口剖面图

复合地板地面与幕墙收口三维示意图

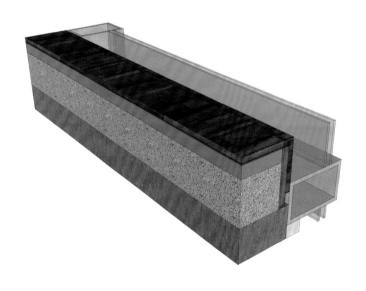

施工要点

1.幕墙与各层楼板和隔墙外沿间的缝隙要用不燃材料或者是难燃材料封堵。防火层不可以和幕墙玻璃有接触,防止发生意外。

2.市场上的地板的厚度一般在6~12mm,选择时应以厚些的为好。地板越厚,使用寿命也就越长。

7.3 特色台阶铺装

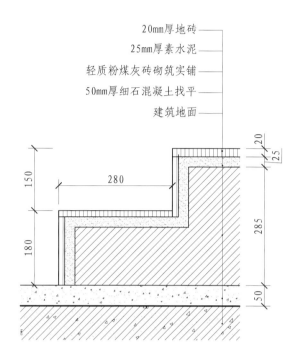

20mm厚地砖
25mm厚素水泥
轻质粉煤灰砖砌筑实铺
50mm厚细石混凝土找平
建筑地面

卫生间地台大样图

卫生间地台三维示意图

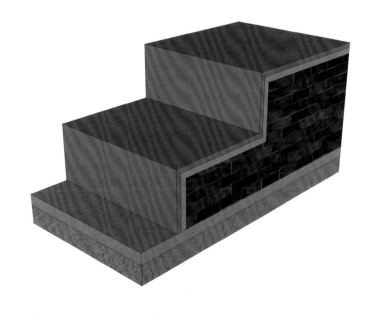

施工要点

1.细石混凝土不会出现表面气泡或蜂窝麻面，不需要进行表面修补，能够逼真呈现模板表面的纹理或造型。

2.水泥砂浆抹灰前必须制作好标准灰饼。

3.水泥黏结层使不同面层结合起来，起到找平和保护的作用。

楼梯节点

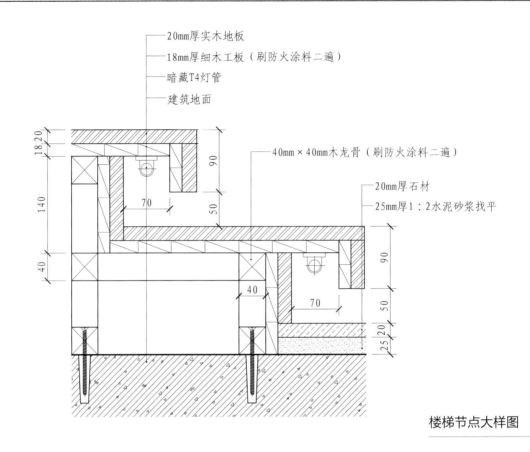

20mm厚实木地板
18mm厚细木工板（刷防火涂料二遍）
暗藏T4灯管
建筑地面

40mm×40mm木龙骨（刷防火涂料二遍）

20mm厚石材
25mm厚1:2水泥砂浆找平

楼梯节点大样图

楼梯节点三维示意图

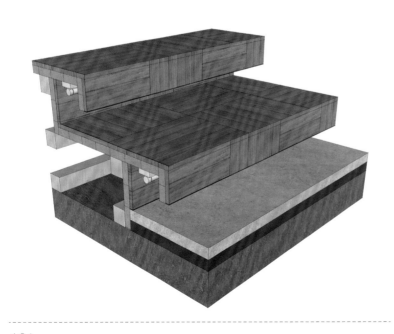

施工要点

1.在使用水泥砂浆时，还要经常掺入一些添加剂（如微沫剂、防水粉等），以改善它的和易性与黏稠度。

2.安装日光灯管时，按从下往上的顺序装，这样安装时操作比较顺手，并可以顺便检查楼梯地板抗压度和规范性。

3.楼梯处地板用强化复合地板，要采用悬浮式安装，实木地板则采用打龙骨的安装方式，在龙骨上面铺地板，用黏性胶黏结，或用打气钉固定。

7.4 踢脚线铺装 　　　　　　　　　　拉丝不锈钢踢脚线

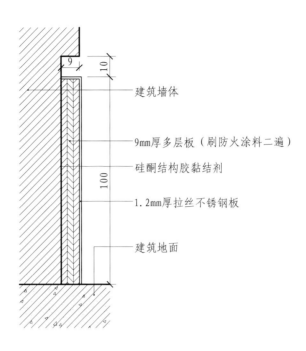

建筑墙体

9mm厚多层板（刷防火涂料二遍）

硅酮结构胶黏结剂

1.2mm厚拉丝不锈钢板

建筑地面

拉丝不锈钢踢脚线剖面图

拉丝不锈钢踢脚线三维示意图

施工要点

1.9厘板容易变形，使用寿命比木工板稍次，一般用于踢脚板。

2.拉丝不锈钢选色应区别于地面和墙面，建议选地面与墙面的中间色，同时还可根据房间的面积来确定颜色：房间面积小的踢脚线选靠近地面的颜色，反之则选靠近墙壁的颜色。

3.乳胶漆施工前，应先除去墙面所有的起壳、裂缝，并以填料补平，清除墙面的一切残留。

石材踢脚线

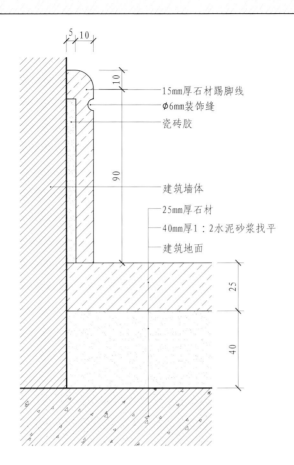

5 10

10

15mm厚石材踢脚线
Φ6mm装饰缝
瓷砖胶

90

建筑墙体

25mm厚石材
40mm厚1：2水泥砂浆找平
建筑地面

25

40

石材踢脚线剖面图

石材踢脚线三维示意图

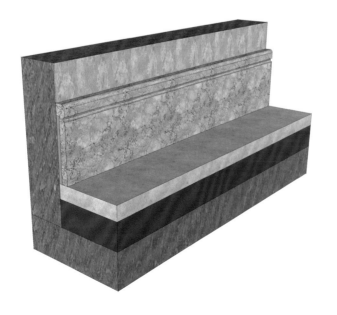

施工要点

1.黏结剂的固化受到温度、压力、时间及空气等条件的影响，有的黏结剂需加热固化，有的需加压固化，有的则需隔绝空气，因此应根据使用场合需要的条件选择相应固化条件的黏结剂。

2.处理墙角与踢脚线相交的地方时，踢脚线的边缘要进行45°角的裁切，这样接口处就不会留下难看的痕迹。

轻钢龙骨隔墙拉丝不锈钢踢脚线

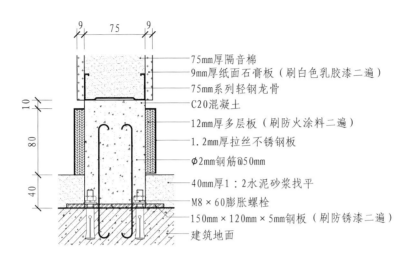

75mm厚隔音棉
9mm厚纸面石膏板（刷白色乳胶漆二遍）
75mm系列轻钢龙骨
C20混凝土
12mm厚多层板（刷防火涂料二遍）
1.2mm厚拉丝不锈钢板
Φ2mm钢筋@50mm
40mm厚1：2水泥砂浆找平
M8×60膨胀螺栓
150mm×120mm×5mm钢板（刷防锈漆二遍）
建筑地面

轻钢龙骨隔墙拉丝不锈钢踢脚线剖面图

轻钢龙骨隔墙拉丝不锈钢踢脚线三维示意图

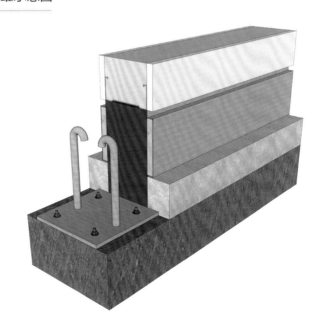

施工要点

1.隔音棉除了隔音外还具有隔热和防潮的功能，它的使用寿命很长，其阻燃率达到了B1级。

2.在铺设墙纸擦拭多余胶液时，应用干净的毛巾，边擦边用清水洗干净，对于接缝处的胶痕应用清洁剂反复擦净。

7.5 地毯

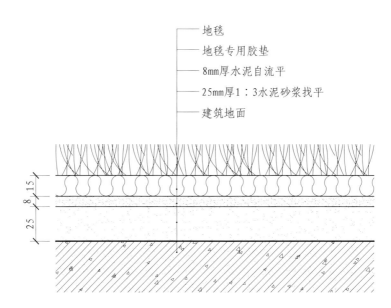

地毯
地毯专用胶垫
8mm厚水泥自流平
25mm厚1：3水泥砂浆找平
建筑地面

浮铺地毯基层做法

浮铺地毯基层做法三维示意图

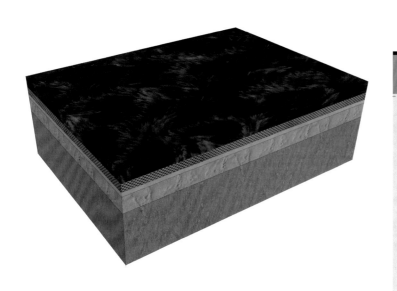

施工要点

1.在进行界面剂施工的时候，环境必须是干燥的，相对湿度应小于70%，通风良好，基面及环境的温度不应低于5℃。

2.在自流平水泥施工前，必须用打磨机对基础地面进行打磨，磨掉地面的杂质，浮尘和砂粒，将局部高起较多的地面磨平。打磨后扫掉灰尘，用吸尘器吸干净。

方块地毯基层

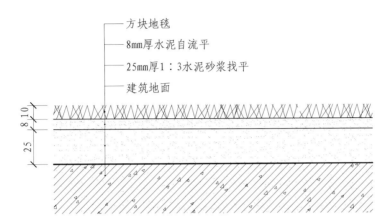

方块地毯
8mm厚水泥自流平
25mm厚1:3水泥砂浆找平
建筑地面

8、10

25

方块地毯基层做法

方块地毯基层做法三维示意图

施工要点

1.在铺设细石水泥砂浆前，基层表面应清扫干净并洒水湿润；细石水泥砂浆找平时应压实抹平，宜用平板振动器拖压密实后再用尺杠刮平，不得有酥松、起砂、起皮、脱层现象。

2.避免方块地毯翘边的检查方法为将直尺插到地毯下面，观察地毯和水平面的贴合度，贴合度紧密的地毯为好地毯，有好的铺设效果的地面也最整齐。

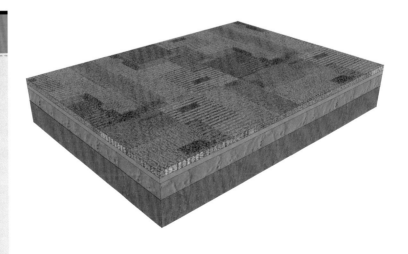

浮铺地毯下有地暖基层

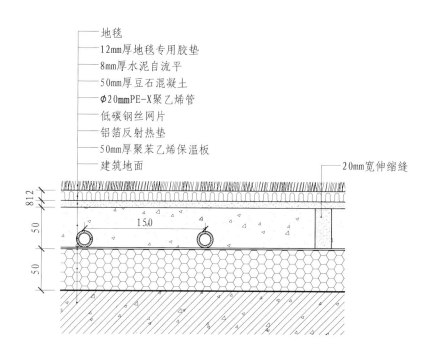

地毯
12mm厚地毯专用胶垫
8mm厚水泥自流平
50mm厚豆石混凝土
Φ20mmPE-X聚乙烯管
低碳钢丝网片
铝箔反射热垫
50mm厚聚苯乙烯保温板
建筑地面
20mm宽伸缩缝

浮铺地毯下有地暖基层做法

浮铺地毯下有地暖基层做法三维示意图

施工要点

1.铺设柔性防水层时，选择涂料或卷材都可以。其施工条件要求基面含水率不大于9%，所以适宜在天气炎热且连晴5天以后的夏季施工，完工后应做蓄水实验。

2.地暖施工时，地暖管材的选择和铺设是重中之重的，PE-X系列管材的硬度较高，施工操作时需要注意；PE-RT管材柔韧性好，耐热性能优异；铝塑复合管的耐压、耐热性能更好，使用寿命长。

方块地毯带木龙骨基层

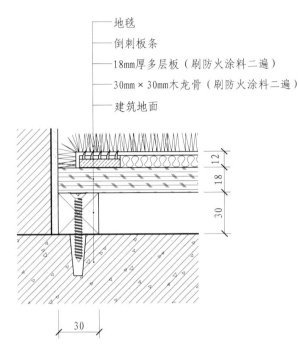

- 地毯
- 倒刺板条
- 18mm厚多层板（刷防火涂料二遍）
- 30mm×30mm木龙骨（刷防火涂料二遍）
- 建筑地面

方块地毯带木龙骨基层做法

方块地毯带木龙骨基层做法三维示意图

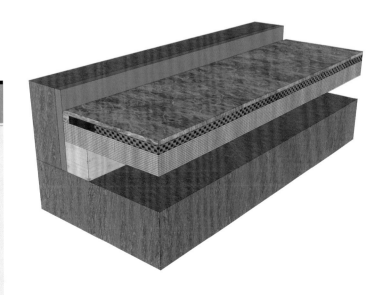

施工要点

1.防火涂料施工温度一般为5℃以上，施工前要将基材表面的尘土、油污去除干净，涂料也必须搅拌均匀才能使用。

2.钉倒刺条时，沿房间墙边或走道四周的踢脚板边缘，用高强水泥钉（钉朝墙方向）将倒刺板固定在基层上。

7.6 地砖

铺地砖防水地面基层

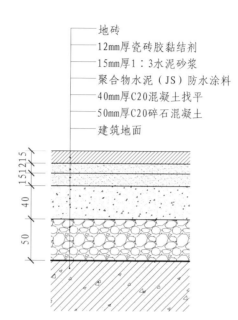

地砖
12mm厚瓷砖胶黏结剂
15mm厚1:3水泥砂浆
聚合物水泥（JS）防水涂料
40mm厚C20混凝土找平
50mm厚C20碎石混凝土
建筑地面

铺地砖防水地面基层做法

铺地砖防水地面基层做法三维示意图

施工要点

1.界面剂长时间储存会有分层、霉斑现象，用前搅拌均匀即可，不影响使用效果。要涂刷均匀，不应漏涂。

2.聚氨酯防水涂料施工前要求基面平整、干净，无起砂、松动、且含水率低于8%，涂底胶必须均匀。

3.将一包瓷砖黏结剂按指定的配合比混合搅拌，搅拌至均匀无结块，让浆料静置3~5分钟，再搅拌一次，即可使用。

铺地砖地面基层

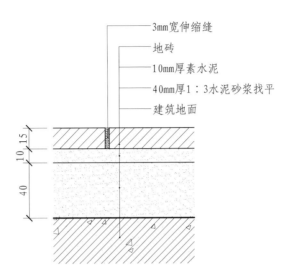

- 3mm宽伸缩缝
- 地砖
- 10mm厚素水泥
- 40mm厚1：3水泥砂浆找平
- 建筑地面

铺地砖地面基层做法

铺地砖地面基层做法三维示意图

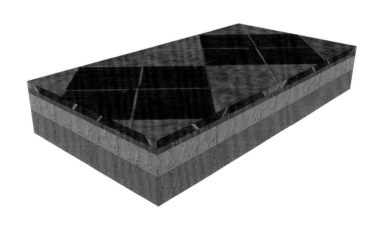

施工要点

1.界面剂分为干粉界面剂和乳液界面剂。干粉界面剂的原料也是液体乳液经过干燥得到的，但是就性能而言，液体界面剂会好一些。

2.勾缝剂的黏度既不能过大，也不能过小，黏度过大，很容易来不及清理，最后留在瓷砖表面；黏度过小，就会很容易脱落。如果瓷砖的缝隙较大，可以掺一些108胶来增加黏度，使勾缝剂不易脱落。

铺地砖地暖地面基层

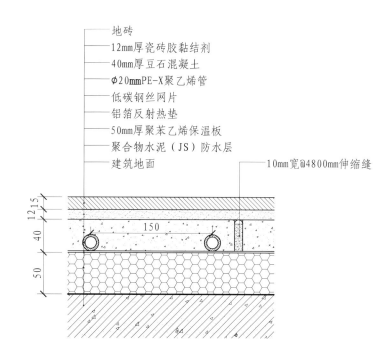

地砖
12mm厚瓷砖胶黏结剂
40mm厚豆石混凝土
φ20mmPE-X聚乙烯管
低碳钢丝网片
铝箔反射热垫
50mm厚聚苯乙烯保温板
聚合物水泥（JS）防水层
建筑地面
10mm宽@4800mm伸缩缝

铺地砖地暖地面基层做法

铺地砖地暖地面基层做法三维示意图

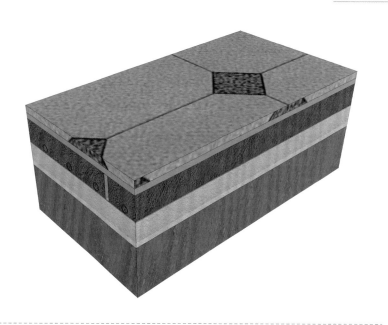

施工要点

1.优质低碳钢丝应具有更高的尺寸精度和表面质量，表面光滑有光泽，没有对使用有害的表面缺陷。

2.膨胀缝应与混凝土路面中心线垂直，缝壁垂直于板面，宽度均匀一致，缝中不得有黏浆或坚硬杂物，相邻板的膨胀缝应设在同一横断面上。

马赛克地面基层

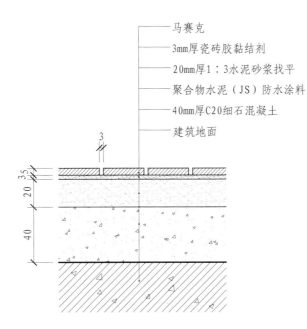

马赛克
3mm厚瓷砖胶黏结剂
20mm厚1:3水泥砂浆找平
聚合物水泥（JS）防水涂料
40mm厚C20细石混凝土
建筑地面

马赛克地面基层做法

马赛克地面基层做法三维示意图

施工要点

1.聚合物水泥防水涂料应湿面施工，涂层坚韧、强度高、无毒、无味。保护层或装饰层施工应在防水层完工两天后进行。

2.待马赛克铺贴完，黏结层终凝且勾缝完毕后，再做一次检查，将遗留在缝子里的浮砂用干净潮湿的软毛刷轻轻带出，超出的米厘条分格缝要用1:1水泥砂浆抹严、勾平，再用布擦净。

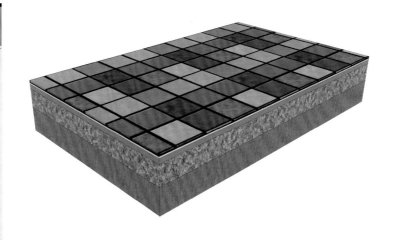

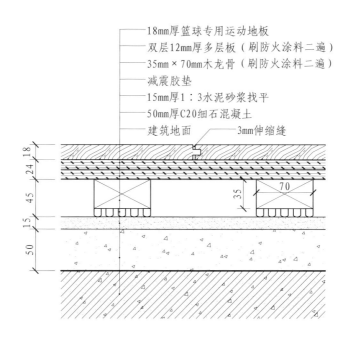

18mm厚篮球专用运动地板
双层12mm厚多层板（刷防火涂料二遍）
35mm×70mm木龙骨（刷防火涂料二遍）
减震胶垫
15mm厚1：3水泥砂浆找平
50mm厚C20细石混凝土
建筑地面   3mm伸缩缝

篮球专用运动地板构造图

篮球专用运动地板三维示意图

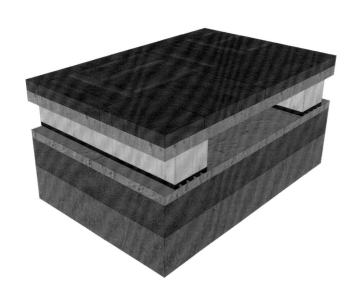

施工要点

1.铺设隔声减震垫时，相接处应整齐密封，接缝处再用胶带纸封严，防止上层混凝土施工时，水泥浆渗入减震垫下面，造成声桥。

2.在铺设地板之前，必须提前将地板展开平铺在要铺设的地面24小时以上，且现场温度不应低于15℃。地板还原后，切割时两端应多留50mm。粘贴前，将展开的地板反向卷起约一半，然后刮胶铺设，应从中间开始，用带齿的刮刀进行施工。

实木地板（专用龙骨基层）

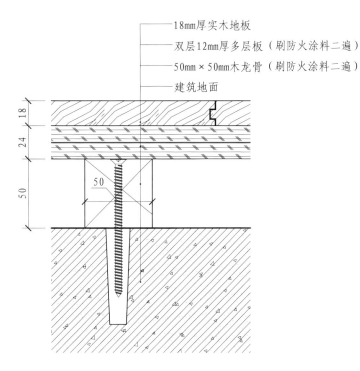

18mm厚实木地板
双层12mm厚多层板（刷防火涂料二遍）
50mm×50mm木龙骨（刷防火涂料二遍）
建筑地面

实木地板（专用龙骨基层）构造图

实木地板（专用龙骨基层）三维示意图

施工要点

1.界面剂必须加强通风，自然养护即可，待浆料变干（表面变灰黑）并确认完全封闭界面后，方可开展后续的工序。

2.防火涂料要求将混配好的浆液熟化15～25分钟后再施工，以保证浆料达到最佳施工黏度。要求按施工能力确定要配制的涂料量，可随用随配。配制好的涂料应在120分钟内用完，凝固后不能再用。

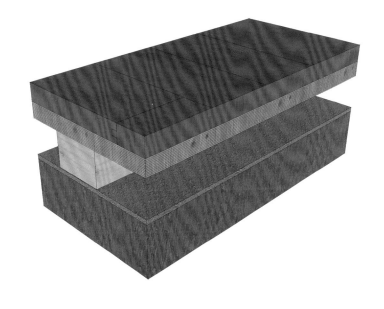

复合地板

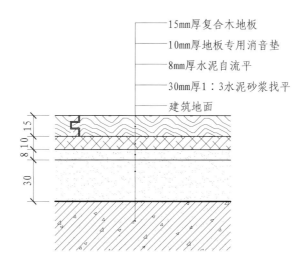

15mm厚复合木地板
10mm厚地板专用消音垫
8mm厚水泥自流平
30mm厚1：3水泥砂浆找平
建筑地面

复合地板构造图

复合地板三维示意图

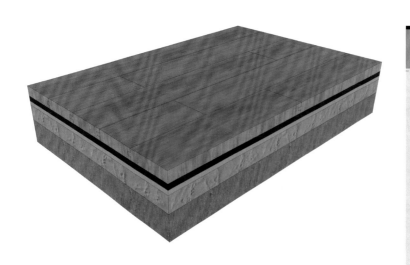

施工要点

1.水泥自流平地面要求水泥砂浆与地面不能空壳；水泥砂浆面不能有砂粒，砂浆面保持清洁。

2.企口型复合地板的安装可以分为敲打式锁扣和斜插式锁扣。斜插式锁扣安装方便，但地面稍有不平，锁扣就容易脱开，且槽口下部容易断裂，所以在安装前的一系列施工一定要保证地面的平整。

实木地板（槽钢架空）

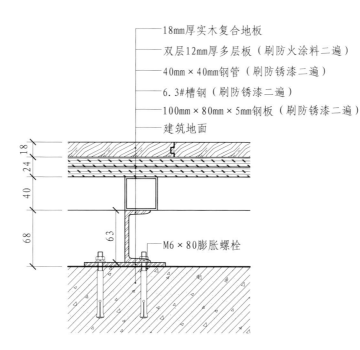

18mm厚实木复合地板
双层12mm厚多层板（刷防火涂料二遍）
40mm×40mm钢管（刷防锈漆二遍）
6.3#槽钢（刷防锈漆二遍）
100mm×80mm×5mm钢板（刷防锈漆二遍）
建筑地面

M6×80膨胀螺栓

实木地板（槽钢架空）构造图

实木地板（槽钢架空）三维示意图

施工要点

1.防锈漆应选择水溶性、不可燃、对环境无污染、使用安全的。防锈漆还应有优异的防锈功能，可完全取代防锈油、防锈脂，具有良好的耐硬水性能。

2.多层板涂防火涂料应采用刷涂法，这样防火涂料能很容易地渗透到物体表面的细孔中，从而加强对物体表面的附着力。缺点是生产效率低、劳动强度大，有时涂层表面留有刷痕，影响涂层的装饰性。

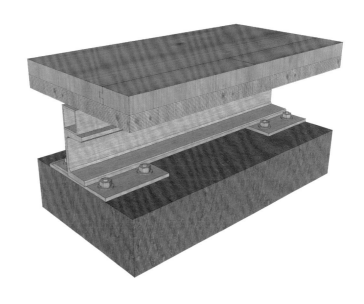

实木地板（方管架空）

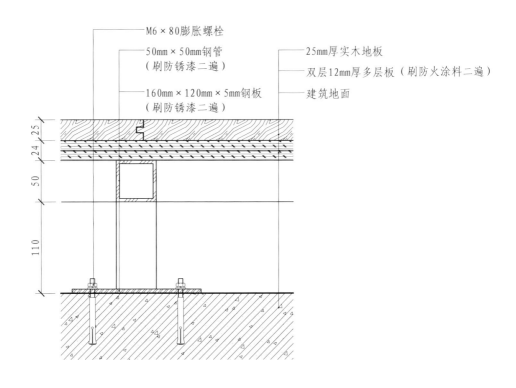

M6×80膨胀螺栓

50mm×50mm钢管
（刷防锈漆二遍）

160mm×120mm×5mm钢板
（刷防锈漆二遍）

25mm厚实木地板

双层12mm厚多层板（刷防火涂料二遍）

建筑地面

实木地板（方管架空）构造图

实木地板（方管架空）三维示意图

施工要点

1.镀锌方钢镀层的持久性较为可靠，每一部分都能镀上锌，即使在凹陷处、尖角及隐藏处都能受到全面保护。

2.优质实木地板应具有自重轻、弹性好、构造简单、施工方便等优点，其自然纹理与其他装饰物能相配。选购时，应观测木地板的精度，一般木地板开箱后可取出几块地板观察。

网络地板

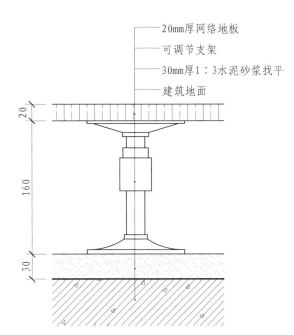

20mm厚网络地板
可调节支架
30mm厚1：3水泥砂浆找平
建筑地面

20
160
30

网络地板构造图

网络地板三维示意图

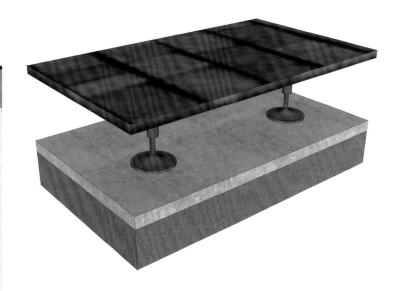

施工要点

1.压实赶光是指在室内砖墙面抹石灰砂浆（包括抹水泥踢脚板或墙裙、水泥窗台板等工程）时，将石灰和沙子压实，然后用钢板抹子压平整，使墙面或地板看上去如镜子般平整，反光。

2.网络地板的铺装是室内装修的最后工序，必须先做吊顶，再铺装网络地板。

实木地板（木龙骨基层）

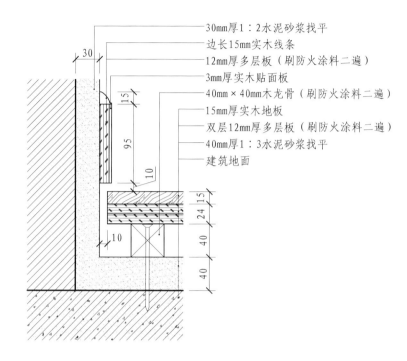

30mm厚1：2水泥砂浆找平
边长15mm实木线条
12mm厚多层板（刷防火涂料二遍）
3mm厚实木贴面板
40mm×40mm木龙骨（刷防火涂料二遍）
15mm厚实木地板
双层12mm厚多层板（刷防火涂料二遍）
40mm厚1：3水泥砂浆找平
建筑地面

实木地板（木龙骨基层）构造图

实木地板（木龙骨基层）三维示意图

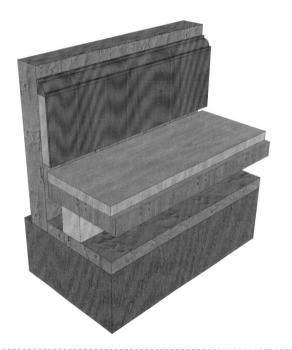

施工要点

1.底层水泥砂浆抹灰应主要使抹灰与基层牢固黏结并初步找平，其施工要求是压实。面层是装饰层，起装饰作用，其施工要求是表面光滑细致。

2.合理选定有适当伸缩量的缝隙极为重要，缝隙越大，伸缩装置越容易遭破坏。

7.8 石材

石材（玻璃地坎有防水）

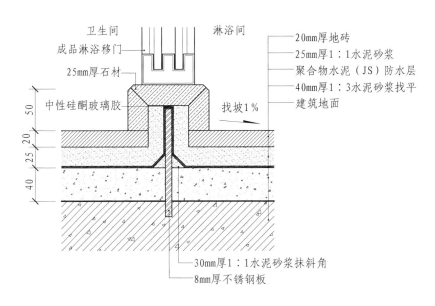

卫生间
淋浴间
成品淋浴移门
25mm厚石材
中性硅酮玻璃胶
找坡1%

20mm厚地砖
25mm厚1:1水泥砂浆
聚合物水泥（JS）防水层
40mm厚1:3水泥砂浆找平
建筑地面

50
20
25
40

30mm厚1:1水泥砂浆抹斜角
8mm厚不锈钢板

石材（玻璃地坎有防水）构造图

石材（玻璃地坎有防水）三维示意图

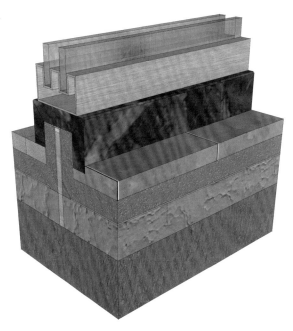

施工要点

1.不锈钢止水板是为了防止新旧水泥间的缝隙渗水，安装时一定要保证它在新旧混凝土中各埋一半，要保证焊接位置没有水分。

2.处理结构胶表面时，对待修补或需黏结部位进行粗化处理，再用清洗剂进行清洗。

石材（有防水、有垫层）

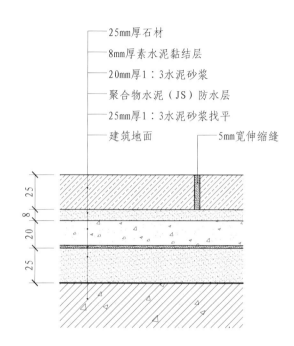

25mm厚石材
8mm厚素水泥黏结层
20mm厚1：3水泥砂浆
聚合物水泥（JS）防水层
25mm厚1：3水泥砂浆找平
建筑地面
5mm宽伸缩缝

石材（有防水、有垫层）构造图

石材（有防水、有垫层）三维示意图

施工要点

1.素水泥膏施工前，要把墙面彻底清理干净，保证以后不掉灰渣，最后刷清漆。

2.鉴别石材的六面防护能力，在石材上面做泼水实验，因为刷完防护剂的石材不会沾水，也就是水泼上去以后会瞬间掉落下来，出现水珠现象。

石材垫层（无防水、有垫层）

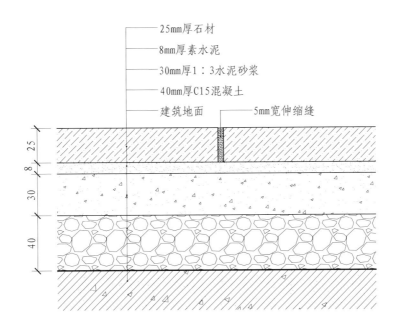

25mm厚石材
8mm厚素水泥
30mm厚1：3水泥砂浆
40mm厚C15混凝土
建筑地面　　5mm宽伸缩缝

25
8
30
40

石材垫层（无防水、有垫层）构造图

石材垫层（无防水、有垫层）三维示意图

施工要点

1.界面剂施工时，基面要干净，施工时环境的温度要大于5℃，相对湿度小于70%，还要保持通风。

2.浇筑混凝土垫层前，应清除基层的尘土和杂物，并洒水湿润。垫层面积较大时，采用细石混凝土或水泥砂浆做灰饼控制垫层标高。

自流平

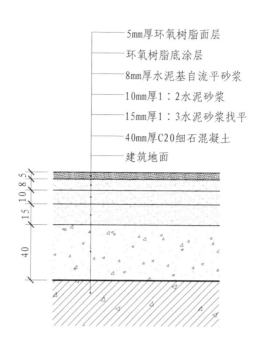

5mm厚环氧树脂面层
环氧树脂底涂层
8mm厚水泥基自流平砂浆
10mm厚1：2水泥砂浆
15mm厚1：3水泥砂浆找平
40mm厚C20细石混凝土
建筑地面

自流平构造图

自流平三维示意图

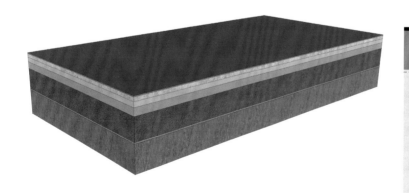

施工要点

1.水泥基自流平砂浆层施工前，地面起砂严重，使用打磨机将起砂的地面进行打磨，将外表的疏松层打磨掉，再用环氧材料对地面进行加固处理。

2.环氧树脂面层要求混凝土平整密实，强度不低于C20；若强度太小，必然影响涂层耐压性、抗冲性及耐久性。

7.9 地漏　　　　　　　　　淋浴间内下水槽工艺做法（一）

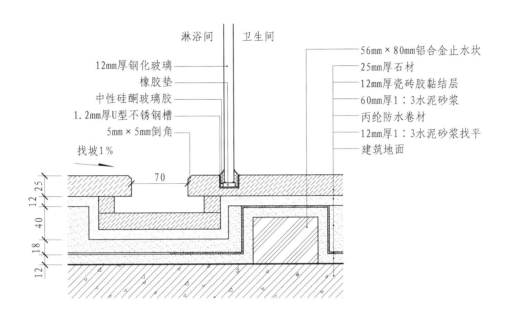

淋浴间　卫生间

12mm厚钢化玻璃
橡胶垫
中性硅酮玻璃胶
1.2mm厚U型不锈钢槽
5mm×5mm倒角
找坡1%

56mm×80mm铝合金止水坎
25mm厚石材
12mm厚瓷砖胶黏结层
60mm厚1：3水泥砂浆
丙纶防水卷材
12mm厚1：3水泥砂浆找平
建筑地面

70

12　25
12
40
18
12

淋浴间内下水槽工艺做法（一）构造图

淋浴间内下水槽工艺做法（一）三维示意图

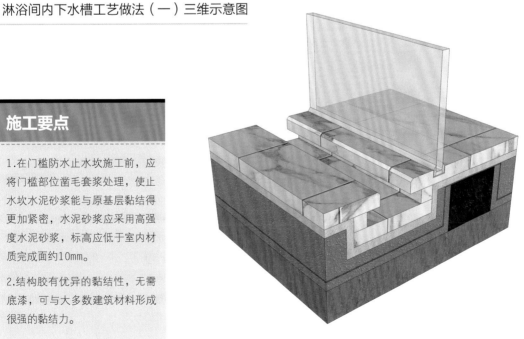

施工要点

1.在门槛防水止水坎施工前，应将门槛部位凿毛套浆处理，使止水坎水泥砂浆能与原基层黏结得更加紧密，水泥砂浆应采用高强度水泥砂浆，标高应低于室内材质完成面约10mm。

2.结构胶有优异的黏结性，无需底漆，可与大多数建筑材料形成很强的黏结力。

淋浴间内下水槽工艺做法（二）

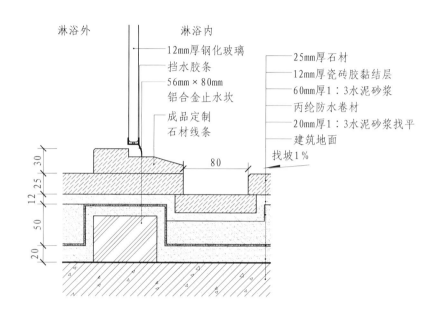

淋浴外　　　　　　　　淋浴内

- 12mm厚钢化玻璃
- 挡水胶条
- 56mm×80mm
  铝合金止水坎
- 成品定制
  石材线条

- 25mm厚石材
- 12mm厚瓷砖胶黏结层
- 60mm厚1：3水泥砂浆
- 丙纶防水卷材
- 20mm厚1：3水泥砂浆找平
- 建筑地面

找坡1%

淋浴间内下水槽工艺做法（二）构造图

淋浴间内下水槽工艺做法（二）三维示意图

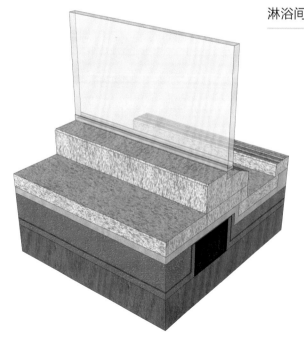

施工要点

1.酸洗可使大理石得到特殊的肌理效果，并且可以去除大理石或花岗岩表面的污染，一般采用草酸酸洗，以免损坏石材。

2.选购挡水胶条时，要注意看是否有明显气泡，看截面是否轻薄、有明显的沙眼，看表面有无光泽。还要看胶衣厚度是否均匀。

淋浴间内下水槽工艺做法（三）

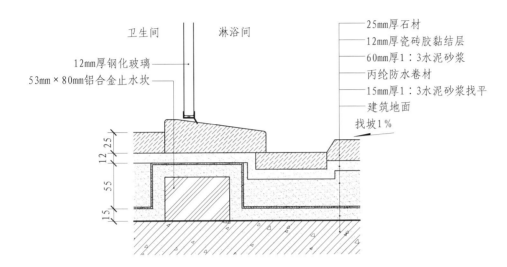

卫生间　　淋浴间

12mm厚钢化玻璃
53mm×80mm铝合金止水坎

25mm厚石材
12mm厚瓷砖胶黏结层
60mm厚1：3水泥砂浆
丙纶防水卷材
15mm厚1：3水泥砂浆找平
建筑地面
找坡1%

淋浴间内下水槽工艺做法（三）构造图

淋浴间内下水槽工艺做法（三）三维示意图

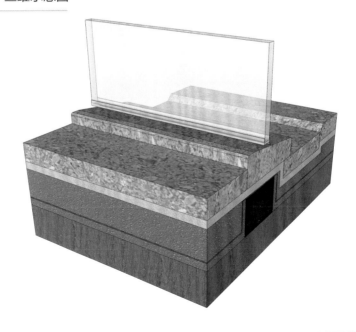

施工要点

1.对地漏、管道根部墙洞的质量要仔细检查，墙洞要密实合格，找平层施工时管道根部必须按要求作嵌缝处理。

2.流水坡度应在2%以上，不得局部积水，与墙面交接处、转角处、管根部找平均要抹成半径为100mm的均匀一致、平整光滑的小圆角。

厨房地面排水沟

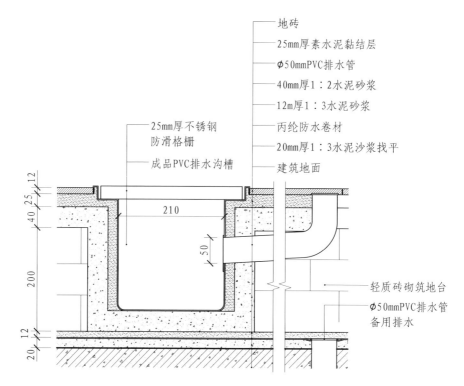

25mm厚不锈钢
防滑格栅

成品PVC排水沟槽

地砖
25mm厚素水泥黏结层
∅50mmPVC排水管
40mm厚1：2水泥砂浆
12m厚1：3水泥砂浆
丙纶防水卷材
20mm厚1：3水泥沙浆找平
建筑地面

210
50
200

轻质砖砌筑地台
∅50mmPVC排水管
备用排水

厨房地面排水沟剖面节点

厨房地面排水沟三维示意图

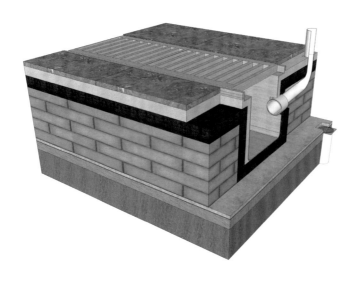

施工要点

1.安装暗藏地漏时，要先确定安置的方位，以便铺砖时在该处留出一些坡度，而且地漏位置最好是在瓷砖的边缘，若是在砖的正中间，则不利于排水。

2.不锈钢防滑格栅选用热镀锌材料，经过打磨、酸洗处理后可起到防锈、防腐蚀的作用，而且使用时间长。

活动石材翻盖

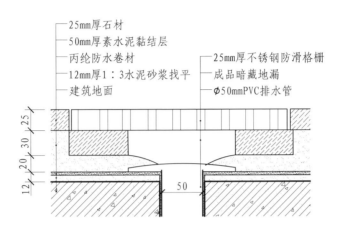

- 25mm厚石材
- 50mm厚素水泥黏结层
- 丙纶防水卷材
- 12mm厚1：3水泥砂浆找平
- 建筑地面
- 25mm厚不锈钢防滑格栅
- 成品暗藏地漏
- Φ50mmPVC排水管

活动石材翻盖剖面节点

活动石材翻盖三维示意图

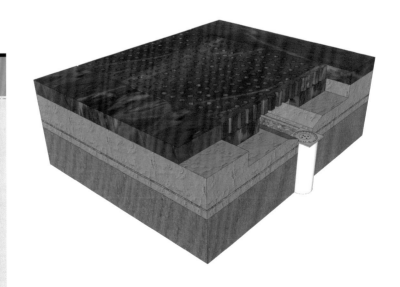

施工要点

1.地漏的选购非常重要，在很多情况下，地漏能够起到防臭的作用。地漏的防臭功能主要依靠密封来实现，可以根据地漏的使用地点等情况来选择不同密封方式的地漏。

2.活动石材翻盖必须设计一个大概的范围，把待安装部位的石材取出后再开孔，安装地漏，地漏四周用防水砂浆填实。

不锈钢盖板

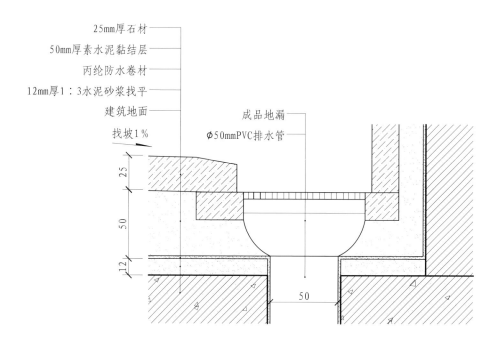

25mm厚石材
50mm厚素水泥黏结层
丙纶防水卷材
12mm厚1∶3水泥砂浆找平
建筑地面
成品地漏
找坡1%
ϕ50mmPVC排水管

25
50
12
50

不锈钢盖板剖面节点

不锈钢盖板三维示意图

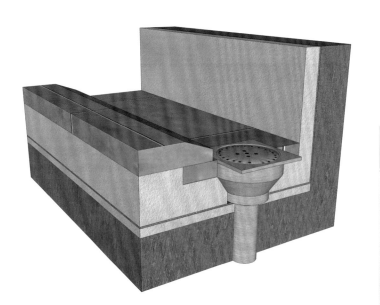

施工要点

1.素水泥浆起到与干性砂浆黏合的作用。砂浆抹面的时候，用一点素水泥浆起到光滑表面的作用。

2.最佳的堵漏网孔径在5~8mm，这样既能够防止异物掉落到管道中，清除异物时间也可以延长至3~5个月。

不锈钢地漏石材盖板

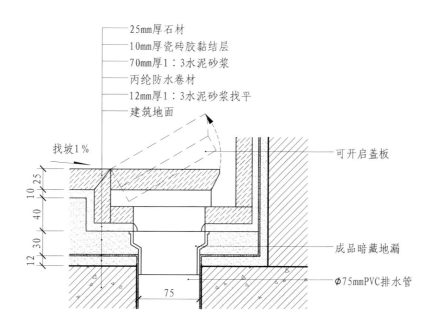

25mm厚石材
10mm厚瓷砖胶黏结层
70mm厚1：3水泥砂浆
丙纶防水卷材
12mm厚1：3水泥砂浆找平
建筑地面

找坡1%

可开启盖板

成品暗藏地漏

φ75mmPVC排水管

不锈钢地漏石材盖板剖面节点

不锈钢地漏石材盖板三维示意图

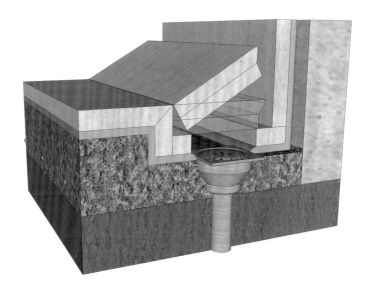

施工要点

1.选用不锈钢地漏时，应该了解产品的水封深度是否达到50mm，这样才能有效阻隔下水道的臭气。带水封的地漏构造要合理、流畅，排水中的杂物不易沉淀下来。

2.铺细石混凝土时，必须根据所拉水平线掌握混凝土的铺设厚度。

不锈钢地漏盖板

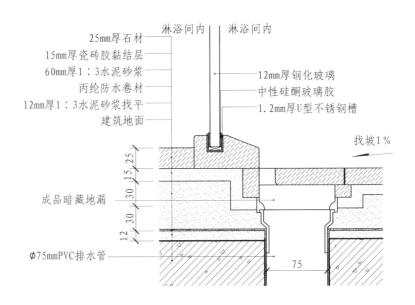

25mm厚石材
15mm厚瓷砖胶黏结层
60mm厚1：3水泥砂浆
丙纶防水卷材
12mm厚1：3水泥砂浆找平
建筑地面

淋浴间内　淋浴间内

12mm厚钢化玻璃
中性硅酮玻璃胶
1.2mm厚U型不锈钢槽

找坡1%

成品暗藏地漏

φ75mmPVC排水管

75

不锈钢地漏盖板剖面节点

不锈钢地漏盖板三维示意图

施工要点

1.在地面开槽，嵌入1.2mm厚的不锈钢以及U形不锈钢槽，做好底部防震条。

2.插上玻璃隔断，注意使用中性硅酮密封胶将缝隙和接头处填充、镶嵌，以保证不会左右晃动，达到最佳的防水效果。

3.选择钢化玻璃时注意观察光斑，肉眼在光线下从侧面看玻璃，钢化玻璃会有一点发蓝的光斑。

木地板与玻璃和地灯（硬收边）

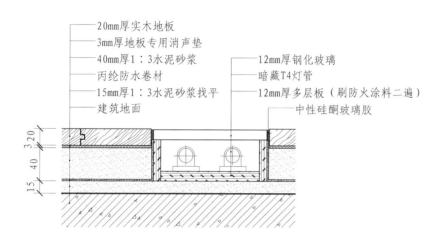

20mm厚实木地板
3mm厚地板专用消声垫
40mm厚1：3水泥砂浆
丙纶防水卷材
15mm厚1：3水泥砂浆找平
建筑地面

12mm厚钢化玻璃
暗藏T4灯管
12mm厚多层板（刷防火涂料二遍）
中性硅酮玻璃胶

木地板与玻璃和地灯（硬收边）构造图

木地板与玻璃和地灯（硬收边）三维示意图

施工要点

1.优质的防火夹板是阻燃胶合板，是耐气候、耐沸水的难燃胶合板，由此可知，其具有耐久、耐高温、能蒸汽处理的优点。

2.在拼接企口型复合地板时，一定要注意对准，并将其压平，要确保地板之间不会产生空隙。

铝型材轨道门槛（一）

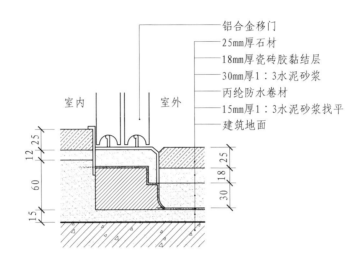

铝合金移门
25mm厚石材
18mm厚瓷砖胶黏结层
30mm厚1：3水泥砂浆
丙纶防水卷材
15mm厚1：3水泥砂浆找平
建筑地面

室内　室外

铝型材轨道门槛（一）构造图

铝型材轨道门槛（一）三维示意图

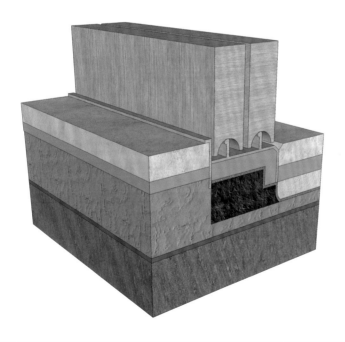

施工要点

1.移门轨道不要做得过宽，太宽的移门稳定性不高，移动的时候容易造成晃动，也会影响轨道的使用寿命。

2.铝型材移门应选择质轻、高强的材质，铝合金本身易于挤压，型材的横断面尺寸要精确，加工密度高，还要确保铝合金氧化层不褪色、不脱落，不需涂漆，易于保养。

铝型材轨道门槛（二）

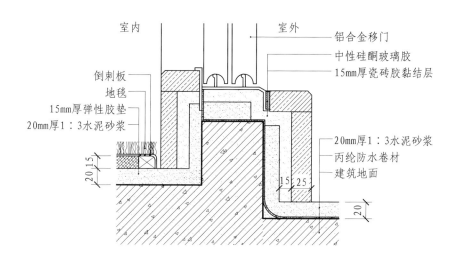

室内　　　　　　室外　　　　铝合金移门

　　　　　　　　　　　　　　　中性硅酮玻璃胶

倒刺板　　　　　　　　　　　　15mm厚瓷砖胶黏结层

地毯

15mm厚弹性胶垫

20mm厚1：3水泥砂浆

20,15

20mm厚1：3水泥砂浆

丙纶防水卷材

建筑地面

15,25

20

铝型材轨道门槛（二）构造图

铝型材轨道门槛（二）三维示意图

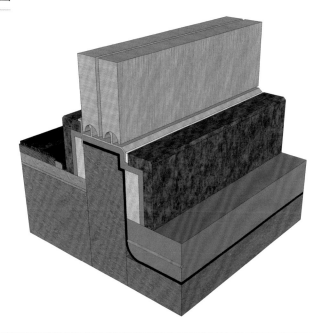

施工要点

1.改性沥青卷材施工前，应清理基层缺陷，基层含水率不大于9%，涂刷专用底子油，并充分干燥后再施工。

2.地毯应尽量选择密度高、耐磨性好、质地比较松软的地毯。地毯本身就属于消耗品，在降低地毯损耗的前提下也应选择密度比较高的底垫。

第8章

玻　璃

扫码获取电子资源

8.1 玻璃隔断

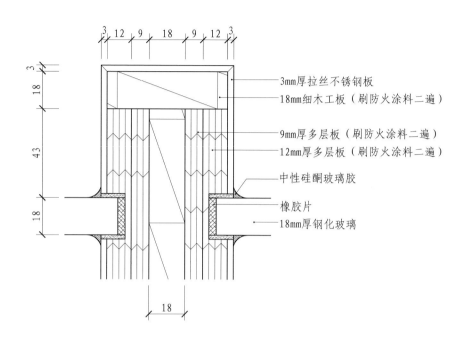

3mm厚拉丝不锈钢板
18mm细木工板（刷防火涂料二遍）
9mm厚多层板（刷防火涂料二遍）
12mm厚多层板（刷防火涂料二遍）
中性硅酮玻璃胶
橡胶片
18mm厚钢化玻璃

拉丝不锈钢饰面玻璃隔断构造图

拉丝不锈钢饰面玻璃隔断三维示意图

施工要点

1.横向插接玻璃要注重木材的承重能力，柳桉细木工板的承载力较强，玻璃插入板材的深度应当大于10mm。加工板材凹槽时要采用360#砂纸对凹槽进行打磨，使玻璃安装更容易。

2.选择玻璃隔断时，首要要考虑的是使用哪种框架结构，组成结构所使用的金属材料及结构断面是否符合抗侧撞击的要求，是否通过相关检测。

木饰面玻璃隔断

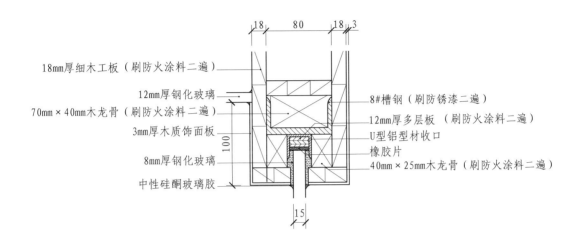

18mm厚细木工板（刷防火涂料二遍）

12mm厚钢化玻璃

70mm×40mm木龙骨（刷防火涂料二遍）

3mm厚木质饰面板

8mm厚钢化玻璃

中性硅酮玻璃胶

8#槽钢（刷防锈漆二遍）

12mm厚多层板（刷防火涂料二遍）

U型铝型材收口

橡胶片

40mm×25mm木龙骨（刷防火涂料二遍）

木饰面玻璃隔断构造图

木饰面玻璃隔断三维示意图

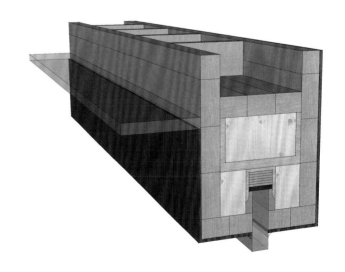

施工要点

1.安装沿顶龙骨和沿地龙骨要注意已放好的隔墙位置线，按线安装顶龙骨和地龙骨，用射钉固定于主体上。

2.玫瑰木要选材质优良、纹理直、结构细、有光泽、无特殊气味、密度均匀、遇水不变黑的。

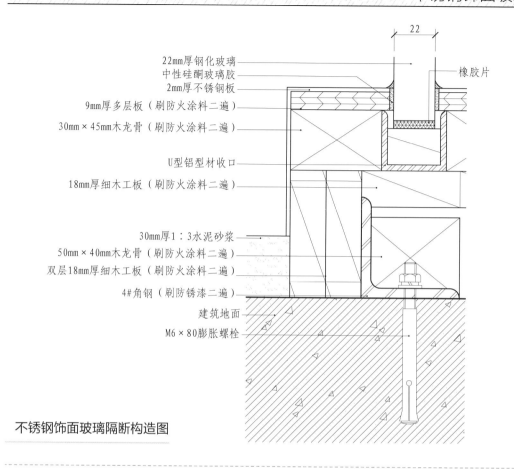

22mm厚钢化玻璃
中性硅酮玻璃胶
2mm厚不锈钢板
9mm厚多层板（刷防火涂料二遍）
30mm×45mm木龙骨（刷防火涂料二遍）

橡胶片

U型铝型材收口

18mm厚细木工板（刷防火涂料二遍）

30mm厚1：3水泥砂浆
50mm×40mm木龙骨（刷防火涂料二遍）
双层18mm厚细木工板（刷防火涂料二遍）

4#角钢（刷防锈漆二遍）

建筑地面
M6×80膨胀螺栓

不锈钢饰面玻璃隔断构造图

不锈钢饰面玻璃隔断三维示意图

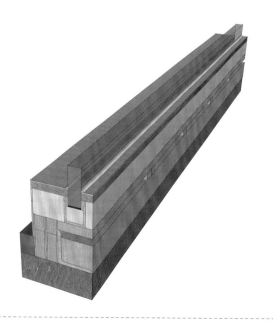

施工要点

1.在选择柳桉板时要注意板材表面常残留麻丝状内皮，芯材红褐至砖红色，管孔侵填体丰富，轴向树胶道肉眼下明显，白色弦向带状，长短不一。

2.防锈涂料需要额外购置稀释剂调和使用。在选购涂料的时候一定要看清生产日期和保质期。

玻璃固定

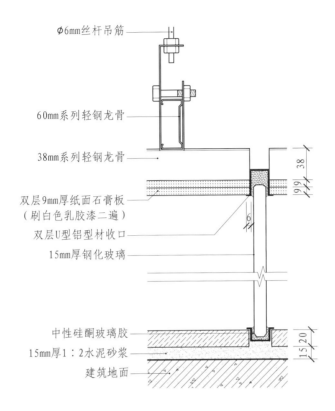

- φ6mm丝杆吊筋
- 60mm系列轻钢龙骨
- 38mm系列轻钢龙骨
- 双层9mm厚纸面石膏板（刷白色乳胶漆二遍）
- 双层U型铝型材收口
- 15mm厚钢化玻璃
- 中性硅酮玻璃胶
- 15mm厚1：2水泥砂浆
- 建筑地面

玻璃固定构造图

玻璃固定节点三维示意图

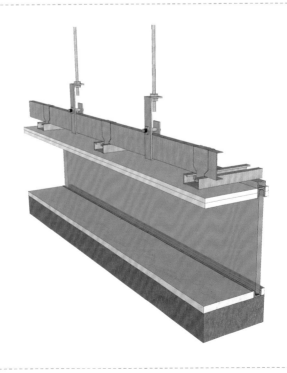

施工要点

1.夹膜玻璃即使碎裂，碎片也会被黏在薄膜上，破碎的玻璃表面仍保持整洁光滑。

2.安装窗台石材时，要使用腻子抹平，不要太多，不然大理石放上去腻子会被挤压出来，清理也麻烦。还要准备玻璃胶将缝隙都填满，越严实越好。

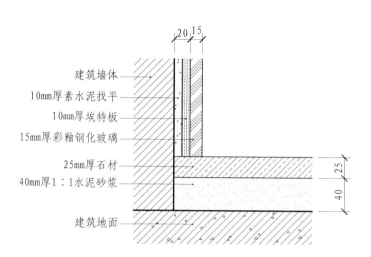

建筑墙体
10mm厚素水泥找平
10mm厚埃特板
15mm厚彩釉钢化玻璃
25mm厚石材
40mm厚1:1水泥砂浆
建筑地面

厨房墙面玻璃与地面大样详图

厨房墙面玻璃与地面三维示意图

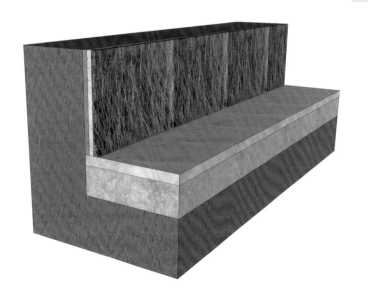

施工要点

1.埃特板应在无应力状态下进行固定，防止出现弯曲凸棱现象，板的长板应沿纵向副龙骨铺设，螺钉应与板面垂直，以螺钉头的表面略埋入板面并不使板面破坏为宜。

2.湿式地暖施工时，先在水泥面上铺设保温后走管，后用鹅卵石水泥浇筑找平，最后加上地面装饰层。

大面积玻璃安装

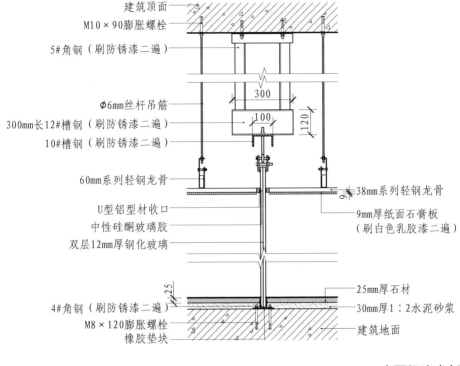

建筑顶面

M10×90膨胀螺栓

5#角钢（刷防锈漆二遍）

300

100

120

Φ6mm丝杆吊筋

300mm长12#槽钢（刷防锈漆二遍）

10#槽钢（刷防锈漆二遍）

60mm系列轻钢龙骨

38mm系列轻钢龙骨

U型铝型材收口

9mm厚纸面石膏板
（刷白色乳胶漆二遍）

中性硅酮玻璃胶

双层12mm厚钢化玻璃

25mm厚石材

30mm厚1：2水泥砂浆

4#角钢（刷防锈漆二遍）

M8×120膨胀螺栓

橡胶垫块

建筑地面

大面积玻璃安装构造图

大面积玻璃安装三维示意图

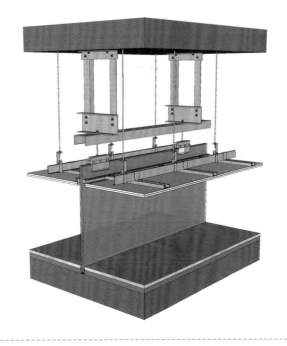

施工要点

1.由于硅酮玻璃胶不会因自身的重量而流动，因此可以用于顶部或侧壁的接缝而不发生下陷、塌落或流走现象。质量好的硅酮玻璃胶在0℃以下使用时，不会发生挤压不出、物理特性改变等现象。

2.在干砂浆层基层施工时，注意混凝土墙面如有蜂窝状及松散的混凝土，要剔掉，用水冲刷干净，然后用1：3水泥砂浆抹平或用1：2干硬性水泥砂浆捻实。

8.2 玻璃界面　　　　　　　　　　　石膏板吊顶玻璃界面楼梯栏杆

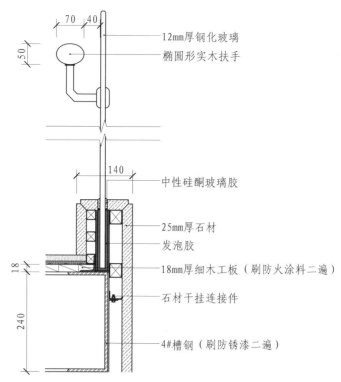

12mm厚钢化玻璃
椭圆形实木扶手

中性硅酮玻璃胶

25mm厚石材
发泡胶
18mm厚细木工板（刷防火涂料二遍）
石材干挂连接件

4#槽钢（刷防锈漆二遍）

石膏板吊顶玻璃界面楼梯栏杆构造图

石膏板吊顶玻璃界面楼梯栏杆三维示意图

施工要点

1.在使用玻璃胶的时候，一定要掌握好打胶的速度和胶枪移动的速度，根据缝隙的深浅均匀地移动胶枪。

2.选择的发泡剂释放气体的速度应快，发气率应能控制。化学发泡剂应容易分散均匀，能同塑料混熔者为最佳。

大理石饰面玻璃界面楼梯栏杆

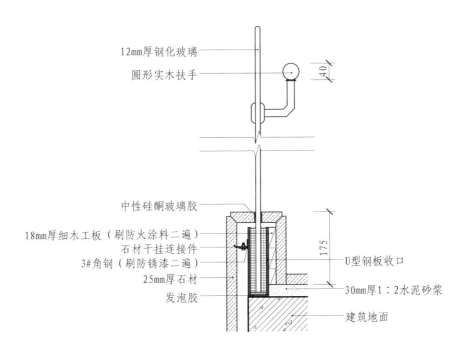

- 12mm厚钢化玻璃
- 圆形实木扶手
- 40
- 中性硅酮玻璃胶
- 18mm厚细木工板（刷防火涂料二遍）
- 石材干挂连接件
- 3#角钢（刷防锈漆二遍）
- 25mm厚石材
- 发泡胶
- 175
- U型钢板收口
- 30mm厚1：2水泥砂浆
- 建筑地面

大理石饰面玻璃界面楼梯栏杆构造图

大理石饰面玻璃界面楼梯栏杆三维示意图

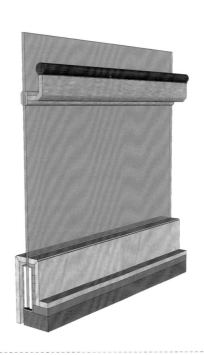

施工要点

1.选择的发泡剂分解时不应大量放热，不能影响塑料熔融及固化，分解后的残渣同树脂相容性好，不发生残渣喷霜或渗析现象。

2.实木楼梯扶手采用全实木材料，当前国内最常用的实木扶手材料有榉木、橡木、花梨木、柚木、沙比利、樟子松等，具有加工性能良好、制造成本低、耐腐蚀、绝缘性好等特点。

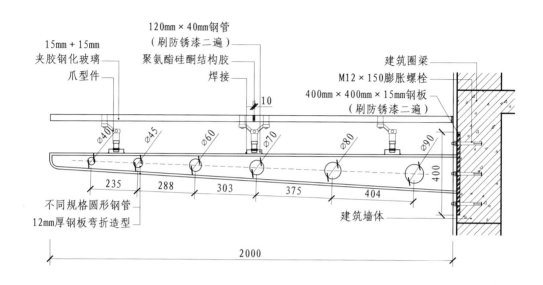

玻璃雨棚安装构造图

玻璃雨棚安装三维示意图

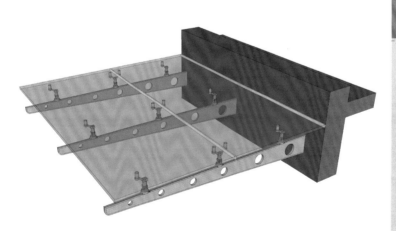

施工要点

1.钢材下料前必须先进行矫正，矫正后的偏差值不应超过规范规定的允许偏差值，以保证下料的质量。

2.安装悬挂臂采用焊接的方式，需检查焊接节点，调节悬挂臂设计坡度，确定准确无误后方能进行焊接。

3.爪形件按设计尺寸弹出纵横线及设计标高，用夹具夹紧，进行定位点焊，装配完毕后焊接玻璃爪底座。